职业技能培训教材

◎朱平 梁霞 邹礼住 主编

保育员

中国农业科学技术出版社

图书在版编目（CIP）数据

保育员／朱平，梁霞，邹礼柱主编．—北京：中国农业科学技术出版社，2017.6

职业技能培训教材

ISBN 978 - 7 - 5116 - 3066 - 7

Ⅰ．①保…　Ⅱ．①朱…②梁…③邹…　Ⅲ．①幼教人员 – 技术培训 – 教材　Ⅳ．①G615

中国版本图书馆 CIP 数据核字（2017）第 096234 号

责任编辑	徐　毅
责任校对	李向荣

出 版 者	中国农业科学技术出版社
	北京市中关村南大街 12 号　邮编：100081
电　　话	（010）82106631（编辑室）　　（010）82109702（发行部）
	（010）82109709（读者服务部）
传　　真	（010）82106631
网　　址	http://www.castp.cn
经 销 者	各地新华书店
印 刷 者	北京昌联印刷有限公司
开　　本	850mm ×1168mm　1/32
印　　张	5.375
字　　数	130 千字
版　　次	2017 年 6 月第 1 版　2017 年 6 月第 1 次印刷
定　　价	18.00 元

内容简介

本书共 5 章，包括保育员工作认知、保育员工作的基础知识、保育员卫生管理、保育员生活管理、保育员配合教育活动。内容翔实、语言通俗、科学实用是本书主要特色。本书可供全国各地区从事幼儿保育工作的人员岗位培训或就业培训使用，也可作为保育员职业技能培训教材。

前　　言

　　保育是婴幼儿期的一项重要工作，是儿童在实现由生物人向社会人的转化过程中不可缺少的一环。保育的根本目的是保护与增进婴幼儿的健康。长期以来，由于受传统保育观念的影响，认为保育就是以保护与保养为主，保育工作就是幼儿体检、生活作息、膳食营养、锻炼与安全、环境卫生、疾病防治等。随着社会科技的飞速发展以及教育观念的转变，传统的保育观念受到冲击，要求人们重新认识保育工作。

　　本书内容联系我国当前幼儿园教育的实际情况，依据"保育员国家职业标准"要求，以保育员工作实践中的常见知识和关键技能为主。全书共5章，包括保育员工作认知、保育员工作的基础知识、保育员卫生管理、保育员生活管理、保育员配合教育活动。本书内容翔实、语言通俗，具有较好的思想性、科学性、实用性和可操作性。

　　由于编写时间和水平有限，书中难免存在不足之处，恳请广大保育员培训教师以及学员们提出宝贵意见。

编者

2017 年 3 月

目　　录

第一章 保育员工作认知

第一节 保育员的岗位须知

一、保育员的职业简介

保育员是指在托幼园所、社会福利机构及其他保育机构中，辅助教师负责幼儿保健、养育和协助教师对婴幼儿进行教育的人员。

保育员的工作对象是各方面都尚未定型、可塑性很强的学前儿童，其主要工作侧重在保育方面，也就是负责幼儿的吃喝拉撒睡。看起来简单的工作，在实际操作的过程中却包含了很多科学养育的知识，需要保育员有着良好的职业技能和道德修养，如餐前消毒、幼儿洗手、排队领餐、汤菜分装、正确用餐、餐后漱口、擦嘴擦手、餐后休息等操作程序都蕴含着科学养育的要义，其中，有的是身体保健方面的，有的则是行为习惯养成方面的。例如，吃饭这个环节，好的保育员会配合老师按就餐要求让幼儿进餐，而不是过度地约束幼儿。

保育员同时要协助教师完成教育和教学任务，要处理好儿童、集体、学校、家长等各方面的关系。幼儿离不开保育员的辅助，所以说，保育工作无小事，事事都跟幼儿的生活和成长息息相关。保育工作的每道程序、每个环节，都有科学的规范和要求。保育员执行得好坏不仅关系着幼儿的身体健康，还关系着幼儿心灵和心理的健康。由于幼儿年龄小，是非分辨能力、心理承受和自我保护能力差，更是要求保育员具备高尚的职业道德修养，才能在工作中不折不扣地按照职业道德规范去做，以顺利地完成保教任务。

二、保育员的职业守则

1. 爱岗敬业，热爱婴幼儿
（1）热爱学前教育事业。
（2）热爱保育员工作。
（3）公平、公正的对待每一位婴幼儿。
（4）尊重与严格要求相结合。
2. 为人师表，遵纪守法
（1）具有良好的道德品质。
（2）言行一致，以身作则。
（3）遵守职业纪律。
（4）增强法制意识。
3. 忠于职责，身心健康
（1）遵守职业道德。
（2）履行职业责任。
（3）身体健康。
（4）心理健康。
4. 积极进取，开拓创新
（1）学习学前教育学、学前心理学，学前卫生学等基本理论知识。
（2）增强教育意识和实践能力。
（3）有创新意识。
（4）有创新能力。

第二节 保育员的职业道德

一、道德

道德是调整人与人之间以及个人与社会之间关系的一种特殊的行为规范的总和。道德的构成有两个方面：一是道德观念；二是行为规范。正确的道德观念对于协调人与人之间、人与社会之间的关系，维持社会生活的稳定和促进人类文明的发展具有重要的作用。

1. 认识的职能

道德是人们认识客观世界的一种特殊的方式。道德能帮助人们正确地认识个人与他人、集体、国家、社会之间的关系，道德是通过善与恶和对立的道德评价来认识世界的。

2. 调节的职能

道德调节是用一种内在的强制力即社会舆论、传统习惯和内心信念加以约束，而法律调节是一种外在的强制力即政法机关施以惩罚。

道德调节有社会调节和自我调节 2 种形式。社会调节是以社会的道德原则和规范为尺度来调节人们的道德行为，这是最基本的调节形式。自我调节是以个人的思想道德为尺度来调节个人与他人和社会的道德关系。两种形式是互相联系和互相影响的。

3. 教育的职能

道德的教育职能主要是培养人们的道德品质，规范人们的道德行为，提高人们的道德境界，形成理想的人格。道德教育职业作用的发挥，主要是通过社会激励和自我激励的手段来实现的。

二、职业道德

1. 职业道德的含义和特点

职业道德是指从事一定职业的人们在职业生活中所应遵循的道德规范以及与之相适应的道德观念、情操和品质。职业道德具有范围上的有限性、内容上的稳定性和连续性、形式上的多样性等特点。

2. 职业道德的社会作用

职业道德的社会作用往往因职业道德特点的变化而改变，社会主义职业道德也因出现了不同于以往社会职业道德的特点，其社会作用相应发生变化，主要表现在：有利于建立新型、和谐的人际关系；有利于调节党和政府与人民群众的关系；有利于规范各行各业的行为，促进生产力的发展；有利于提高全民族的道德素质，促进全社会道德风貌的好转。

三、保育员的职业道德

1. 爱岗敬业，优质服务

爱岗敬业，优质服务，是社会主义职业道德的最重要的体现，是对从业人员的最基本要求。

2. 热爱儿童，尊重儿童

热爱儿童必须有爱心、耐心、诚心和责任心，学会站在儿童的角度上考虑问题。只有热爱儿童，才能以饱满的热情投入到实际工作中去；只有热爱儿童，才能全心全意地为儿童和家长提供最优质的服务。

尊重儿童，主要是尊重儿童自下而上和发展的权利，尊重儿童的人格和自尊心，用平等和民主的态度对待每一个儿童，满足每一个儿童的合理要求。

3. 遵纪守法，诚实守信

遵纪守法是每一个从业人员必须具备的最起码的道德要求，也是衡量一个从业人员道德水平高低的尺度。

第三节 保育员的礼仪规范

无论是教师还是保育员，都应学会调整自己的外在形象，在幼儿面前保持清新、端庄、美丽大方的模样，使之能对幼儿产生良好的影响。

一、发型

1. 不散发披肩

首先，散发披肩，使人的整体形象过于懒散，没有精神。这会给来园接送孩子的家长留下不好的印象。其次，在教学活动中，散发披肩不利于教学活动，教师本身在教学中，会不断去顺理自己的发型，使其不遮住眼睛，浪费时间。在与幼儿亲近时，可能会受到伤害。因为，幼儿会很自然地去亲近老师，触碰老师的身体部位，而长发最容易让孩子抓握。选择束发，无疑是最好的选择，这样不仅可以展现个人的精神面貌，而且上课活动不会影响。另外，尽量刘海不要过长，遮盖眼睛。

2. 不漂染头发

不染色彩鲜亮的颜色，如红色、黄色或五颜六色等另类的颜色。

二、饰品

避免佩戴挂件首饰。

（1）不戴耳坠、耳环及过于艳丽夸张的耳钉等。

（2）不戴戒指，项链等首饰。

（3）不留过长的手指甲，不染手指甲。

幼儿往往对发亮、发光的东西特别偏爱，老师佩戴首饰会分散孩子上课的注意力。另外，幼儿老师如果在上课、游戏和照看孩子时经常佩戴首饰，难免会在无意间碰伤、擦伤孩子，对孩子造成伤害。现在的一些首饰设计不比从前了，经常是怎么夸张怎么来的，要是他一好奇，上去拽一拽、拔一拔，其结果不是把老师给弄疼了、弄生气了，恐怕就是自己被划伤。

三、脸部妆容

（1）作为幼儿教师，忌浓妆艳抹，适宜淡妆，而且不允许教师在教室内化妆，更不允许在孩子面前化妆，这也是为了避免孩子模仿。

（2）作为幼儿教师应展现良好的精神面貌，以饱满的热情，灿烂的微笑迎接家长和小朋友。

四、服装要求

着装大方，得体，避免选择奇装异服。为避免教师穿着不得体，特要求教师不穿露肩露背露脐带装，不穿裙子和过紧的衣服，不穿短裤和低腰裤，只允许穿马裤和长裤（在这里说一下区分短裤和马裤的标准：在膝盖以上的是短裤，膝盖以下的是马裤）。

爱美是人的天性，很多幼儿教师都很喜欢穿这种衣服。但是幼儿园教师一直要照看孩子，带领孩子游戏、活动，做操时要给幼儿示范，照顾幼儿时弯腰、下蹲的动作多，打扫卫生、布置教室需要上高爬低。所以，穿超短裙、低腰裤在这些活动过程中难免出现不雅的形象。

五、鞋子

选择平底鞋，避免高跟鞋，不允许穿拖鞋、凉拖，高跟鞋鞋跟不超过3cm。穿袜子，不允许光脚，不染脚趾甲。

幼儿园里幼儿教师站的时候居多，首先，最好选择平底鞋或布鞋。高跟鞋发出的声音影响孩子活动，易转移幼儿注意力。其次，在活动中，可能会不小心踩到幼儿的脚丫，造成不可估量的伤害。上班时，幼儿教师可以换上布鞋或运动鞋，穿梭于教室之间，出现在孩子左右，就可避免安全隐患。为了不让皮鞋踩在木地板上的声响吵到正在活动或午睡的孩子，更为了让老师能轻松地蹲下身与孩子面对面地平视交流，选择平底鞋吧。

第四节　保育工作的相关法律

近些年来，我国陆续制定了一系列有关儿童成长、幼儿园保育工作方面的法律、法规。这些法律、法规是规范幼儿园保育、教育工作的准绳，同时也是处理有关意外事故的法律依据。但是，有些园长法律意识淡薄，几乎没有认真学习过这些法律、法规，因而在遇到一些法律问题时，常常不知所措。依法办事、以法治教是社会发展的必然趋势，希望全体幼教工作者，特别是幼儿园的园长们，都来认真学习、熟练掌握与幼儿教育有关的法律、法规，用法律、法规武装自己，增强法律意识，学会用法律保护自己的合法权益。

一、《民法》中的有关规定

最高人民法院《关于贯彻中华人民共和国〈民法通则〉若干问题的意见》（试行）第160条：在幼儿园、学校生活、学习的无民事行为能力的人或者在精神病院治疗的精神病人，受到伤害或者给他人造成损害，单位有过错的，可以责令这些单位适当给予赔偿。

"过错"是指行为人实施行为的某种主观意志状态，分为故意和过失2种：故意是指行为人预见其行为的损害后果，而希望或者放任这种损害后果的发生；过失则指行为人欠缺必要的注意，即没有足够的谨慎和勤勉，例如，对损害后果应该预见到而没有预见到，是未合谨慎；预见到了却没有采取措施加以避免，是未合勤勉。一个人对自己的行为后果能否注意是受他的年龄、专业知识、业务技能、工作范围等各种条件制约的。这些方面也就成为判断有无过错及其程度的重要方面。如西方一些国家和地区在确定学校人员责任时，坚持"细心的家长"的要求，并以此作为"过错"的衡量标准。

"过错"原则一般适用于对一般侵权的归责，一般侵权民事责任的法律要件有四项：即损害事实、违法行为、因果关系、行为人过错。这里特别应注意的是，违法行为分为作为的违法行为和不作为的违法行为。实施法律所禁止的行为，侵害他人合法权益的，就是作为的违法行为；未履行法律规定的行为义务，致他人受损害，便是不作为的违法行为。

不作为的违法行为和过失的主观意志状态往往成为幼儿园民事纠纷的争论焦点，易使幼儿园在法律讼争中处于不利地位，如按推定"过错"原则，则不必由原告方证明其主张，而由被告方证明自己无"过错"，若不能证明自己无过错则推定为有"过错"。

二、《中华人民共和国教育法》（以下简称《教育法》）中的有关规定

《教育法》第44条：教育、体育、卫生行政部门和学校及其他教育机构应当完善体育、卫生保健设施，保护学生的身心

健康。

《教育法》第 73 条：明知校舍或者教学设施有危险，而不采取措施，造成人员伤亡或者重大财产损失的，对直接负责的主管人员和其他直接责任人员，应依法追究刑事责任。

三、《未成年人保护法》中的有关规定

《未成年人保护法》第三章"学校保护"第 5 条：学校、幼儿园的教职员应当尊重未成年人的人格尊严，不得对未成年学生和儿童实施体罚、变相体罚或者其他侮辱人格尊严的行为。

第 16 条第一款：学校不得使未成年学生在危及人身安全和健康的校舍和其他教育教学设施中活动。

第 17 条：学校和幼儿园安排未成年学生和儿童参加集会、文化娱乐、社会实践等集体活动，应当有利于未成年人的健康成长，防止发生人身安全事故。

第 19 条：幼儿园应当做好保育、教育工作，促进幼儿在体质、智力、品德等方面和谐发展。

第四章《社会保护法》第 26 条：儿童食品、玩具、用具和游戏设施，不得有害于儿童的安全和健康。

第 27 条：任何人不得在中小学、幼儿园、托儿所的教室、寝室、活动室和其他未成年人集中活动的室内吸烟。

第六章《法律责任》第 48 条：学校、幼儿园、托儿所的教职员对未成年学生和儿童实施体罚或者变相体罚，情节严重的，由其所在单位或者上级机关给予行政处分。

第 52 条：明知校舍有倒塌的危险而不采取措施，致使校舍倒塌，造成伤亡的，依照《刑法》第 187 条的规定追究刑事责任。

第二章　保育员工作的基础知识

第一节　婴幼儿的生理学知识

　　保育员要照料好小朋友的一日生活，首先要了解孩子，因为，孩子不是"小大人"。为什么要经常洗澡？因为婴幼儿皮肤薄嫩，皮肤不清洁很易生疮长疖。为什么要让婴幼儿到户外晒太阳？因为婴幼儿的骨骼长得很快，少见阳光就会得佝偻病。为什么不应该为了"催饭"，而让小朋友吃水泡饭、汤泡饭？因为，细嚼慢咽有五大生理功能。科学的护理，基于科学的育儿知识。了解婴幼儿的生理特点才能主动的按照科学的规律办事。

　　下面，就以人体的若干系统为顺序，谈谈婴幼儿的生理特点以及相应的护理要求。

一、动作的执行者——运动系统

　　（一）什么是运动系统

　　运动系统由骨、骨联结和骨骼肌三部分组成，是人们从事劳动和运动的主要器官。

　　（二）婴幼儿运动系统有什么特点

　　1. 骨骼

　　（1）骨骼在生长。婴幼儿在不断长个子，也就是说骨骼在不断加长、加粗。长骨骼就需要钙、磷为原料。同时，还需要维生素 D，使钙、磷被人体吸收和利用。营养和阳光是婴幼儿长骨骼所必需的营养（阳光中的紫外线照射到皮肤上可制造出维生素D）。另外，运动也是骨骼发育的重要条件。

（2）腕骨没钙化好。腕骨共8块，出生时全部为软骨，以后逐渐钙化，但要到10岁左右才能全部钙化。所以，婴幼儿的手劲儿小，为他们准备的玩具要轻。

（3）骨盆还没长结实。婴幼儿的骨盆和成人不同，还没长结实。在蹦蹦跳跳时，要注意安全。例如，幼儿从挺高的地方往硬地上跳，就可能伤着骨盆的骨头，使骨盆变形。

（4）骨头好比鲜嫩的柳枝。成人的骨头好比干树枝，不易弯曲。而婴幼儿的骨头硬度小，好比鲜嫩的柳枝，易发生弯曲。所以，要注意培养幼儿有好的姿势。

（5）不良姿势易致脊柱变形。脊柱是人体的"大梁"，主要的支柱。那么，人体的这根"大梁"，是不是一根直直的"顶梁柱"呢？从背面看脊柱，它又正又直，但从侧面看脊柱，它并非一根"直棍儿"，而是从上到下有四道弯儿。这四道弯儿叫"脊柱生理性弯曲"。

脊柱有了这几道弯曲，在人体做走、跑、跳等运动时，就更具有弹性，可以缓冲从脚下传来的震动，保护内脏，当震动传到头部时也就微乎其微了，有了弹性也更能负重。否则，若脊柱真是一根"直棍儿"，跺一下脚，也会把脑子震了，肩挑重担也成为空话。

上述生理性弯曲是随着小孩动作的发育逐渐形成的。生后2~3个月会抬头了，形成颈部前弯；6~7个月会坐了，形成胸部后弯；开始学走路，形成腰部前弯。但要到发育成熟的年龄，这些生理性弯曲才能完全固定下来。在脊柱未完全定型以前，不良的体姿可以导致脊柱变形，发生不该有的弯曲，脊柱的功能也将受到影响。

体姿，即坐、立、行时身体的习惯姿势。应从小培养孩子坐有坐相、站有站相，保护脊柱，预防脊柱变形。坐着时，两脚平放地上，不佝着背，不耸肩，身子坐正；站着时，身子正，腿不弯，抬头挺胸；走路时，抬头挺胸，不全身乱扭。健美的体姿不仅使人看上去有精神，还可预防驼背和脊柱侧弯。另外，长时间用单肩背书包会使脊柱两侧的肌肉和韧带得不到平衡发展，形成一侧肌肉、韧带过度紧张，导致脊柱侧弯（从后面看，脊柱某一段偏离中线，向左或向右弯曲）。

2. 肌肉

（1）容易疲劳。婴幼儿肌肉的力量和能量的储备都不如成人，很容易疲劳。在组织幼儿户外活动时要适时让幼儿休息，避免过度疲劳。

（2）大肌肉发育早，小肌肉发育晚。幼儿会跑、会跳了，可是画直线却挺费劲儿，这与不同的肌肉发育早晚有一定关系。

3. 关节和韧带

（1）勿猛力牵拉婴幼儿的手臂。婴幼儿的肘关节较松，容易发生脱臼（俗称掉环）。

当肘部处于伸直位置时，若被猛力牵拉手臂，就可能造成牵拉肘"，一种常见的肘关节损伤。发生"牵拉肘"，常常是因为大人在带幼儿上楼梯、过马路等情景时，或给婴儿穿脱衣服，用力提拎、牵拉了他们的手臂所造成的。

肘部受伤后，手臂不能再活动。经医生复位后，还要注意保护，以免再次使肘关节受伤。

（2）预防扁平足。婴儿会站、会走以后逐渐出现脚弓。但是脚底的肌肉、韧带还不结实，若运动量不合适，就容易使脚弓塌陷，形成"平脚"。

运动量过大，会使脚底肌肉过于疲劳而松弛；缺乏运动，脚底的肌肉、韧带得不到锻炼，也不会结实。另外，鞋要合脚。合脚的鞋不仅穿着舒服，还有利于脚弓的发育。

（三）保育工作要点

（1）组织小朋友在户外活动，运动和阳光是长骨骼的"营养素"。

（2）教育小朋友，不要从高处往硬地上跳，避免伤着骨盆。

（3）教育小朋友，坐有坐相，站有站相，预防脊柱变形。

（4）勿猛力牵拉小朋友的手臂，以防伤着肘关节。

（5）适度的运动，有助于脚弓的形成。

二、气体交换站——呼吸系统

（一）什么是呼吸系统

人体在新陈代谢过程中，要不断地消耗氧气并产生二氧化碳。机体吸入氧气和排出二氧化碳的过程称为呼吸。

呼吸系统由呼吸道及肺组成。呼吸道是传送气体、排出分泌物的管道，包括鼻、咽、喉、气管和支气管，肺是气体交换的场所。

鼻是呼吸道的起始部分，是保护肺的第一道防线。鼻腔对空气起着清洁、湿润和加温的作用。冷空气从鼻子吸入，经过鼻腔的处理，可以达到20℃左右的温度和70%左右的湿度，而且清洁多了。

鼻还是嗅觉器官。嗅觉感受器位于鼻腔上部的黏膜中，具有气味的微粒随着空气进入鼻腔后，接触嗅黏膜，刺激嗅细胞产生神经冲动，传至大脑皮质产生嗅觉。在刺激强度持续不变的情况下，感受器对该刺激的感受性下降，称为感受器的适应。嗅觉适应很快，平常说"入芝兰之室，久而不闻其香"指的正是这个现象。

咽是呼吸和消化系统的共同通道，分别与鼻腔、口腔和喉腔相通。

喉是呼吸道最狭窄的部位。呼出的气流使声带振动，发出声音。若发音失去圆润、清凉的音质，表示声带发生病变。

气管和支气管黏膜的上皮细胞具有纤毛，灰尘、微生物被黏液粘裹，经纤毛的运动，被扫到咽部，吐出来就是痰。痰是呼吸道的垃圾。

肺是气体交换的场所，血液里的废气（二氧化碳）被呼出；呼入的氧气进入肺泡，再经血液循环运往全身，完成"吐故纳新"的任务。

胸腔有节奏的扩大与缩小称为呼吸运动，呼吸的快慢与年龄的运动程度有关。

（二）婴幼儿呼吸系统的特点

1. **易发生鼻塞**

婴幼儿鼻腔狭窄，伤风感冒就会使鼻子不通气，以致影响睡眠和进食。护理感冒的病儿，要按医嘱给病儿用滴鼻药，鼻子通气了，才能吃饭香、睡觉香。

2. **教会幼儿擤鼻涕**

擤鼻涕的正确方法是：轻轻捂住一侧鼻孔，擤完，在擤另一侧。擤鼻不要太用力，不要把鼻孔全捂上使劲地擤。

因为，鼻腔里有一条条"暗道"与"邻里"相通。擤鼻涕时太用劲，就可能把鼻腔的细菌挤到中耳、眼、鼻窦里，引起中耳炎、鼻泪管炎、鼻窦炎等疾病。

3. **保护金嗓子**

婴幼儿的声带还不够坚韧，如果经常大声喊叫或扯着嗓子唱歌，不注意保护，金嗓子将失去圆润、清凉的音质，变成"哑嗓子"。

幼儿的音域窄，不宜唱大人的歌。

唱歌的场所要空气新鲜，避免尘土飞扬。冬天，不要顶着寒风喊叫、唱歌。夏天玩得挺热，也不要停下来马上就吃冷食。得了伤风感冒，要多喝水、少说话，因为，这时最易哑嗓子。

4. 空气污浊，容易缺氧

婴幼儿胸腔狭窄，肺活量小，但代谢旺盛，机体需氧量大，所以，只能以加快呼吸频率来代偿。

年龄越小，呼吸越快。不同年龄呼吸次数的平均值，如表2－1所示。

表2－1　不同年龄呼吸次数的平均值

年龄	每分钟呼吸次数
新生儿	40～44
0～1岁	39
2～3岁	24
4～7岁	22

儿童活动、卧室也要经常通风换气，保证空气新鲜。

5. 腹式呼吸为主

婴幼儿胸部肌肉不发达，胸腔狭小，呼吸以"腹式呼吸"为主。在喘气时，几乎看不出胸腹在运动。

观察婴幼儿的呼吸次数，要观察腹部的起伏。特别在遇到紧急情况时，呼吸已经微弱，更难看出胸脯在动。

（三）保育工作要点

（1）擤鼻涕要用正确的方法，不要把两侧鼻孔全捂上。擤鼻时叫小朋友轻轻的，不要用力。教育小朋友要爱护嗓子。

（2）儿童活动室、卧室，要经常通风换气，保持空气新鲜。空气污浊，脑部首当其冲。

三、循环不已的运输流——循环系统

（一）什么是循环系统

循环系统是一个密闭的、连续性的管道系统，它包括心脏、动脉、静脉和毛细血管。心脏是血液循环的动力器官，血管是运送血液的管道。血液由心脏搏出，经动脉、毛细血管、静脉再返回心脏，如此环流不止。血液在循环全身的过程中，把携带的氧气和营养物质输送给组织和细胞，再把二氧化碳和代谢废物运送到肺及排泄器官。

血液是存在于心脏和血管里的液体，包括血浆和血细胞两部分。血细胞由红细胞、白细胞和血小板组成。在人体表面的一些部位，如颈部、腋下、大腿根等处有一组的淋巴结、淋巴结有消灭病菌的作用。

（二）婴幼儿循环系统的特点

1. 年龄越小，心率越快

婴幼儿因为心肌薄弱、心腔小，心跳要比成人快。摸脉搏可以得知心跳的次数，但要待婴幼儿安静下来测才能准确（表2-2）。

表2-2　不同年龄心跳次数的平均值

年龄	每分钟心跳次数
新生儿	140
1~12月	120
1~2岁	110
3~4岁	105
5~6岁	95
7~8岁	85
9~15岁	75

2. 锻炼可强心，但要适度

经常锻炼可使心肌收缩力加强，每跳1次，搏出更多的血液。从小锻炼可以增强心脏的功能。但是，如果运动量过大，心跳太快，反而会减少每次心跳的输出量，表现为面色苍白、心慌、恶心、大汗淋漓，甚至运动以后吃不下饭、睡不着觉，就是过度疲劳了。

3. 预防动脉硬化始于婴幼儿

预防动脉硬化关键在于一个"早"字。因为，婴幼儿时期是包括饮食习惯在内的生活方式基本形成的时期。为他们提供合理的膳食，并养成良好的饮食习惯可以受益终生。

4. 颈部淋巴结肿大的常见原因

用手摸摸小儿颈部两侧，常可以摸到几个疙瘩，这就是颈部淋巴结。如果淋巴结像黄豆大小，可略微活动，按上去不疼，就是正常的淋巴结。小儿患口腔炎、扁桃体炎、中耳炎，或头上长疖子，都可使颈部淋巴结肿大。上述疾病治好了，已经肿大的淋巴结却很难再消肿，摸上去是个硬疙瘩。如果颈部淋巴结又大，压着又疼，孩子的照管人有结核病，一定要查清楚是否这个孩子有"淋巴结核"。

（三）保育工作要点

（1）组织小朋友经常锻炼可增强心脏功能，但不要过累。

（2）教育幼儿养成有益于健康的"口味"，将使他们受益终生。预防动脉硬化，始于幼儿，要把住"入口"这一关。

四、食品加工管道——消化系统

（一）什么是消化系统

消化是指食物通过消化管的运动和消化液的作用，被分解为可吸收成分的过程。消化系统是由消化管和消化腺两部分组成的。消化管包括口腔、咽、食管、胃、小肠、大肠、肛门等。消化腺主要有唾液腺、胃腺、肠腺、肝脏和胰腺等。消化腺有导管与消化管相通，使消化液流入消化管。

（二）婴幼儿消化系统的特点

1. 牙齿

（1）乳牙萌出。婴儿吃奶期间开始长出的牙，叫乳牙。一般在 6~7 个月时出牙，最迟不应晚于 1 岁。乳牙共 20 颗，2 岁半左右，为什么要保护好乳牙：如果说"乳牙迟早要换，乳牙是毫不要紧"，这话可小看了乳牙的作用。

（2）嚼食物，帮助消化。出牙以后，食物由流质逐渐过渡到固体食物，食物品种增加，需要咀嚼才能容易被人体消促进颌骨的发育：婴幼儿时期正是颌面部迅速发育的阶段，"下巴骨"，随着咀嚼的刺激，颌骨正常生长，使脸型逐渐面容和谐、自然。有助于口齿伶俐：乳牙正常萌出，有助于发音正常。有利于恒牙的健康：乳牙齐整对恒牙顺利萌出有重要作用。若乳牙早失（患龋齿，不得不拔除残根），邻近的牙向空隙倾倒，就不能在正常位置萌出，导致牙齿排列不齐。

（3）如何保护乳牙。

①营养和阳光：钙、磷等无机盐是构成牙齿的原料，需要从饮食中提供。人的皮肤经阳光中的紫外线照射后，可以产生维生素 D，促进钙、磷的吸收利用。乳牙的钙化始于胎儿 5~6 个月，因此乳牙是否坚固与孕妇的营养有关。另外，孕妇服四环素类药物可使胎儿的牙釉质发育不好、颜色发黄、质地松脆。从出生到 2 岁半也是乳牙发育的重要时期，因此，不可缺少营养和阳光。

②适宜的刺激：俗话说"牙不嚼不长"。5~6 个月，将要出牙时，可给他点"手拿食"，如烤馒头片、面包干等较硬的食物，磨磨牙床，促使牙齿萌出。断奶以后，逐渐添加些耐嚼的食物，如菜末、粗粮等。食物太精细，无须细嚼，不利于牙齿和颌骨的正常发育。

③避免外伤：乳牙根儿浅，牙釉质也不如恒牙坚硬，怕的是"硬碰硬"。一旦牙齿被硬东西硌伤了，就不能再重新长好。受

了损伤的牙齿就更容易生龋齿。所以，要教育孩子，不要用牙咬果壳等硬东西。

④漱口和刷牙：吃奶的婴儿，在两次奶之间喂点白开水，就可以起到清洁口腔的作用。2岁左右，饭后可用清水漱漱口，含漱的时间要长一些，要用力鼓腮，用水把粘在牙齿表面和间隙的食物残渣冲洗掉，然后吐出漱口水。孩子到了3岁左右就该学着刷牙了。

（4）最早长出的恒牙并不与孔牙交换。在6岁左右，最先萌出的恒牙是"第一恒磨牙"，又称"六龄齿"。上、下、左、右4颗6龄齿，长在乳磨牙的里面，并不与乳牙交换。要注意保护6龄齿，叮嘱小朋友刷牙时里里外外都刷到。

（5）怎样预防牙齿排列不齐。牙齿排列不齐，常见的有"下兜齿"（地包天），即下牙咬在上牙的外面；有"开唇露齿"，即上下牙咬不到一起，有明显的距离；还有"虎牙"等。上述种种不仅使面部失去和谐自然的面容，而且影响咀嚼能力，吃东西只能囫囵吞枣，甚至说话也漏风走音。排列不整齐的牙齿经常被食物嵌塞，不易刷干净，也容易生龋齿。

（6）预防牙齿排列不齐，有以下几点需要注意。

①用奶瓶给婴儿喂奶、喂水时，要把婴儿抱起来，呈坐姿。橡皮奶头不要过分上翘或下压，以免压迫牙床，影响牙床的发育。不要让婴儿自己抱着奶瓶吃奶，婴儿托不起奶瓶，势必压迫牙床。上牙床经常受压，易形成"下兜齿"；下牙床经常受压易形成"开唇露齿"。

②换牙时，若乳牙未掉，后边又钻出了新牙，就成了"双排旦滞留的乳牙拔掉，把位置让给恒牙。刚长出来，叮嘱幼儿不要老用舌头舔牙，免得牙齿往外翘。

③有的幼儿有偏侧咀嚼的习惯，会使另一侧的颌骨发育不好，两侧面颊不对称。发现幼儿有偏侧咀嚼的毛病，要提醒他们改正。

④治鼻塞：幼儿长期鼻子不通气，用嘴呼吸，就会使上腭高拱、门牙向前突出，形成“噘嘴”。除了应及时治疗鼻咽部的毛病外，病治好了，还要提醒幼儿纠正用嘴呼吸的习惯。

2. 婴儿爱流口水

6~7个月的婴儿，唾液分泌增加，但口腔浅，婴儿又不会及咽下去，所以，常流涎口外。护理时要用软的纱布或毛巾及时擦去口水，以免浸泡着皮肤。

3. 婴儿容易漾奶

胃是消化管申最宽大的部分。胃的上口与食道连接处有一组环形的肌肉叫贲门，胃的下口与十二指肠连接处也有一组环形的肌肉叫做幽门。贲门收缩就好比是口袋扎紧了口，使胃内的东西就不会倒流入口腔。婴儿的贲门比较松弛，且胃呈水平位，即胃的上口和下口，几乎水平，好像水壶放倒了，因此，当婴儿吞咽下空气，奶就容易随着打嗝流出口外，这就是漾奶。

为了减少漾奶，喂过奶，让婴儿伏在大人的肩头，轻轻拍孩子的背，让他打个嗝排出咽下的空气，然后再躺下，就可以减少漾奶。

4. 培养定时排便的习惯

婴儿过了半岁，就可培养他定时排便的习惯。有了好习惯，不随意便溺，省事，孩子也干净。

人们常说：“孩子是直肠子”，吃完就想拉。这是因为婴幼儿有明显的“胃结肠反射”，食物进到胃里，就会反射性地引起肠子加快蠕动，将粪便推向直肠、肛门。所以在喂过奶、吃过饭以后让小孩坐盆，常可排便，便盆的大小要合适，干净，不冰凉。一般坐5~10分钟，不排便就起来，不要长时间坐便盆。

幼儿最好养成早饭后排便的习惯。如果大便不定时，有了“便意”却正玩得高兴，把“便意”憋回去了，日久就会便秘。因为，排便是一种反射活动，当粪便进入直肠，就对直肠壁的机械感受器产生压力刺激。压力刺激，一方面传入脊髓的低级排便中枢；另一方面上达大脑皮质引起"便意"。如果经常抑制便意，直肠对粪便的压力刺激就越来越不敏感，粪便在大肠内停留的时间过久，水分被吸尽，粪便干硬，就会产生便秘。

按时排便，多吃些蔬菜、水果，搭配着吃点粗粮，有利于大便通畅。

5. 预防脱肛

直肠从肛门脱出，称"脱肛"，看上去，在肛门外有一截"红肉"。脱肛使小儿十分痛苦。

引起脱肛的常见原因。

（1）急性痢疾未彻底治疗，变成慢性痢疾；长期消化不良。久痢、久泻，使肛门松弛，直肠脱出。

（2）长期便秘，排便时十分费力，使直肠脱出。

（3）久痢、久泻、便秘，再久坐在便盆上，就更易脱肛。

（三）保育工作要点

（1）督促幼儿用正确的方法刷牙，保护好乳牙和6龄齿。

（2）细嚼慢咽有利健康，不要用水、汤泡饭，幼儿吃起来快，却缺少了"咀嚼"这一环节。

（3）培养幼儿定时排便的习惯。

（4）不要久坐便盆，不排便就起来。

五、泌尿、输尿、贮尿、排尿——泌尿系统

（一）什么是泌尿系统

泌尿系统包括肾脏（泌尿）、输尿管（输尿）、膀胱（贮尿）和尿道（排尿）。

（二）婴幼儿泌尿系统的特点

1. 由"无约束"到"有约束"排尿

婴儿时期，当膀胱内尿液充盈到一定量时，就会发生不自觉的排尿，这是由于大脑皮质发育尚未完善，对排尿尚无约束能力。

出生后半岁左右，可以从"把尿"开始，训练自觉排尿的能力。1岁左右，小孩会用动作、语言表示"要撒尿"了，就不要再兜尿布，要训练坐便盆排尿。一般到了3岁，白天就可以不再尿湿裤子，夜间也不再尿床了。

2. 尿道短，容易发生上行性感染

成人男性尿道长约20cm，女性尿道长3~4cm。

小孩尿道短，尤其女孩更短，新生女婴尿道仅1~2cm长。女孩不仅尿道短而且尿道开口离阴道、肛门很近，尿道口容易被粪便等污染，细菌经尿道上行，到达膀胱、肾脏，可引起上行性泌尿道感染。

要注意女孩外阴部的清洁。擦大便应从前往后擦。勤换洗尿布。每天要洗屁股。饮水量要充足，尿液形成后从上向下流动，对输尿管、膀胱、尿道起着冲刷的作用，可以减少泌尿道感染。

3. 男孩也需"用水"

男孩阴茎头部外层的皮肤称包皮。包皮将阴茎头包没，但仍能向上翻起，称"包皮过长"。若包皮口小，不能翻起，称"包茎"。

包皮过长或包茎，会使包皮腺体的分泌物及污垢长期存留在包皮里，形成包皮垢，刺激包皮和阴茎头，使阴茎头红肿疼痛。男孩也需"用水"。可轻轻将包皮往下捋，露出阴茎头，将污垢洗去，可以预防炎症，并使包皮口放松，避免发生"包茎"。

4. 眼泡肿，查查尿

4~5岁以上的幼儿，发生"急性肾炎"的渐多（特别是得了猩红热、黄水疮等之后）。眼皮肿是急性肾炎最早的表现。发现幼儿眼皮肿，要注意尿的颜色（呈洗肉水样）。

（三）保育工作要点

（1）要训练婴幼儿控制排尿的能力。

（2）注意女孩的外阴清洁护理。

（3）男孩也要"用水"，洗去包皮垢。

（4）提醒幼儿不要渴极了才喝水。有充足的饮水，可以减少泌尿系统感染。

（5）清洗外阴的毛巾、盆等要专用。毛巾用后消毒。

六、身兼数职的皮肤

（一）皮肤的功能

皮肤身兼数职，具有多种生理功能。在皮肤里广泛分布着各种感觉神经的末梢，可分别感受触觉、压觉、痛觉、温觉、冷觉等，所以，皮肤是感觉器官。人们常说的眼、耳、鼻、舌、身5种感觉器官，其中，"身"主要是指皮肤。

皮肤覆盖在人体表面，柔韧而有弹性，是保护人体的一道防线。皮肤在调节体温上起着重要的作用。皮肤受到冷的刺激，血管收缩，减少散热；受到热的刺激，血管舒张，汗腺分泌增加，可以多散热。体温的相对恒定是维持正常生命活动的重要条件。

皮肤还是排泄器官，随着汗液分泌，一些代谢的废物被排出体外。

毛发、皮脂腺和汗腺都是皮肤的附属器官，皮脂腺开口于毛囊，排出皮脂，起着保护皮肤、润滑毛发的作用。汗腺开口于表皮的汗孔，手掌、脚底的汗腺较多。

（二）婴幼儿皮肤的特点

1. 皮肤的保护功能差

婴幼儿皮肤薄嫩，易受损伤，若不注意皮肤清洁，就很容易生疮长疖。要常洗澡、洗头、勤剪指甲。

洗澡时要把脖根、腋窝、大腿根、外阴等部位都洗干净。洗手时，要把指头缝、指甲缝都洗干净。

理发时注意不要碰破头皮。头皮上黄褐色油腻的痂皮，是皮脂腺分泌旺盛所致，可以用消毒后晾凉的植物油先将痂皮闷软，再轻轻擦去痂皮。

指甲长了，要剪短。剪手指甲，可顺着手指尖剪成半圆形；剪脚趾甲，两端只需稍剪去一点，使趾甲的边缘是平的，这样趾甲就向前生长，不嵌入肉里。

选购质地柔软、吸水性强、不掉色的衣料做内衣。

不要用化妆品去遮盖小孩天然健美的肌肤。浓妆艳抹，千人一面，无论从美的观点还是卫生的观点，均无可取之处。劣质的化妆品还可损害皮肤的健康。

给小孩戴各种金属饰物也无益处。

2. 皮肤调节体温的功能差

婴幼儿皮肤的散热和保温功能都不及成人。环境温度过低，皮肤散热多，容易受凉或生冻疮；环境温度过热，易受热中暑。

锻炼可以增强对冷、热的适应能力。空气、阳光和水是大自然赋予人类维持生命，促进健康的 3 件宝。要充分利用这 3 件宝.锻炼婴幼儿的适应能力。

俗话说"要想小儿安，需要几分饥和寒"是有一定道理的。经常带孩子在户外活动，可以改善皮肤的血液循环，增强体温调节能力，遇到冷、热的刺激反应灵敏，使体温保持相对的恒定。

在室内也可以利用冷空气进行锻炼。例如，室温不低于20℃时，给婴儿换完尿布，可以让他露着腿躺 1~2 分钟，再包上。慢慢延长打开被包的时间，至每次 5 分钟左右。

幼儿从夏天开始就可以用冷水洗脸、洗手。冬天，早上仍坚持用冷水洗脸，作为一种锻炼。晚上用温水洗以更好地清洁皮肤。

3. 皮肤的渗透作用强

婴幼儿的皮肤薄嫩，渗透作用强。有机磷农药、苯、酒精等都可经皮肤被吸收到体内，引起中毒。

凡盛过有毒物品的容器要妥善处理，绝不能让小孩弄到手，拿着玩。在皮肤上涂拭药物也要注意药物的浓度和剂量，不得过量。

（三）保育工作要点

（1）给幼儿勤洗头、洗澡，勤剪指甲。

（2）剪手指甲可剪成半圆的弧形。剪脚趾甲，使趾甲的边缘是平的。

（3）充分利用空气、阳光、水这3件宝，锻炼幼儿的冷热适应能力。

（4）冬季在户外活动，"寒从脚下起"，要让幼儿穿合脚、暖和的鞋。胸部、腹部也要保暖，可以套件大的棉背心，穿脱方便。

（5）多照顾体弱儿，有汗及时擦干。

七、人体内的"化学信使"——内分泌系统

（一）什么是内分泌系统

分泌系统是人体内的调节系统。内分泌腺释放的化学物质，激素对人体的生长发育、性成熟以及物质代谢等有着重要作用。

本主要的内分泌腺有脑垂体、肾上腺、甲状腺、甲状旁腺、胰腺和性腺等。

（二）婴幼儿内分泌系统的特点

1. 生长激素在睡眠时分泌旺盛

一个孩子能长多高，既受遗传因素的影响，又受后天环境的影响。

生长激素是由"内分泌之王"脑下垂体分泌的一种激素，

有了它，孩子才能长个儿。

在一昼夜间，生长激素的分泌并不均匀。小孩在夜间入睡后，生长激素大量分泌。所以，孩子长个儿，主要是在夜里，静悄悄的长。睡眠时间不够、睡眠不安，就会影响孩子的身高，使遗传的潜力不能充分发挥。

2. 缺碘——影响甲状腺的功能

甲状腺是关系儿童生长发育和智力发展的内分泌腺。甲状腺分泌甲状腺激素，碘是合成甲状腺激素的原料。

我国有 4 亿左右的人口居住在碘缺乏地区。

一提到缺碘，人们往往会想到那些敞着衣领的粗脖子病人（地方性甲状腺肿）。实际上，缺碘的最大威胁是影响婴幼儿的智力发育，造成智力低下以及听力下降、言语障碍、生长受阻等多种残疾。

预防碘缺乏病最简便的办法，就是食用加碘食盐。

（三）保育工作要点

（1）组织好幼儿的睡眠，使睡眠时间充足，睡得踏实。

（2）幼儿膳食，使用加碘食盐。

八、眼睛——视觉器官

（一）眼睛的结构和功能

人的眼睛像一架照相机。

眼球前面透明的"角膜"和眼球的内容物"晶状体"，好比是照相机的透镜，起着屈折光线，聚光的作用。

角膜后面的"瞳孔"，能根据外界光线的强弱自动调节，扩大或缩小，好比照相机上的光圈。

在眼球壁最里面的一层是"视网膜"，可以感受光线的刺激，产生视觉，好比照相机的感光彩色底片。

（二）婴幼儿眼睛的特点

1. 5岁以前可以有生理性远视

婴幼儿眼球的前后距离较短，物体往往成像于视网膜的后面，称为生理性远视。随着眼球的发育，眼球前后距离变长，一般到5岁左右，就可成为正视（正常视力）。

2. 晶状体有较好的弹性

婴幼儿晶状体的弹性好，调节范围广，使近在眼前的物体，也能因晶状体的凸度加大，成像在视网膜上。所以，幼儿即使把画书放在离眼睛很近的地方看，也不觉得眼睛累。但长此以往，就容易形成习惯，尤其上小学以后，看书、写字多了，就会使睫状肌疲劳，形成近视眼。所以，要教育幼儿从小注意保护视力。

3. 斜眼要早治

当两眼向前平视时，两眼的黑眼珠位置不匀称，称为斜视（斜眼）。

由于两眼位置不匀称，看东西时就不能同时注视一个物体，而出现双影。模糊的双影使人极不舒服，于是大脑皮质就抑制自斜眼传入的视觉冲动，只允许正常的那只眼睛看见东西。日久，眼位不正的那只眼睛就会出现视力下降，称为"斜视性弱视"。

发现孩子眼位不正要早治。治疗斜视不仅是为了美观，更重要的是使小孩的心理能得到健康发展。因为眼斜，受到人们嘲笑，常常造成小孩自卑、孤独等不良的性格倾向。

4. 及早治疗弱视

治疗"弱视"的最好时机是6岁以前。经过治疗，视力差的那只眼睛视力得到恢复，就能够用两只眼看东西了。

用两只眼睛看东西才有立体感。如果一眼视力好，另一眼视力很差，实际上只利用一眼的视力，则为"立体盲"。没有良好立体视觉的人，不能从事需要敏锐分辨能力的科研工作，不能当外科医生，打乒乓球不能准确判断方位，驾驶车辆可能出车祸，开车床可能伤了自己的手指，就是打苍蝇，也常十打九空。

（三）保育工作要点

以下情况，提示孩子的视力可能有问题。

1. 婴儿表现

（1）对小玩具不感兴趣。

（2）当一只眼被挡时，引起孩子的反感，哭闹或用手去撕扯遮拦物，说明被盖眼是好眼。而盖另一只眼，孩子无反应，说明这只眼的视力很差。

2. 幼儿表现

（1）眼位不匀称，有内斜（俗称逗眼）或外斜（俗称斜白眼）。

（2）孩子看东西时喜歪头偏着脸看；眼睛怕光（称羞明或畏光）；看画书过近；幼儿不活泼，活动范围小，动作缓慢（不是因为智力落后或正闹病）。

（3）注意防止发生眼外伤。

九、耳——听觉器官

（一）耳的结构和功能

耳分为外耳、中耳和内耳。

1. 外耳

用手电筒光从耳朵眼照进去，可看到略为弯曲的管道，为外耳道。

外耳道皮肤上的耵聍腺分泌耵聍（俗称耳屎），具有保护外耳道皮肤和黏附灰尘、小虫等异物的作用。耵聍可自行脱落。

外耳道的最里面是一层薄膜，叫鼓膜。鼓膜往里是中耳。

2. 中耳

中耳是一个很小的空腔，像乐器的鼓，所以，又叫鼓室。鼓室内有3块听小骨，声波振动鼓膜则带动听小骨，听小骨把声音放大并传向内耳。

中耳经耳咽管与鼻咽部相通。耳咽管在鼻咽部的开口平时是关闭的，仅在吞咽或打哈欠时才开放，让空气进入鼓室，调节鼓室的气压，使之与大气压平衡，鼓膜两侧的压力相等，才能有正常的振动。

3. 内耳

内耳可以感受声音、保持平衡。当听小骨振动时，内耳淋巴液也随声波激起波纹，无数听神经末梢好似垂到水面上的柳枝，受到波纹的振动，将神经冲动传入大脑听觉中枢，人就听到了声音。

(二) 婴幼儿耳的特点

1. 耳郭易生冻疮

耳郭皮下组织很少，血循环差，易生冻疮。虽天暖可自愈，但到冬季不加保护又会复发。

2. 外耳道易生疖

因眼泪、脏水流入外耳道，或挖耳朵伤了外耳道可使外耳道皮肤长疖，因长疖疼痛可影响小孩睡眠，张口、咀嚼时疼痛加剧。

3. 易患中耳炎

婴幼儿的耳咽管比较短，管腔宽，位置平直，鼻咽部的细菌易经耳咽管进入中耳，引起急性化脓性中耳炎。

(三) 保育工作要点

(1) 冬天，预防耳朵生冻疮，注意保暖。在给孩子洗头时，避免污水流入外耳道。

(2) 不要用发卡、火柴棍等给孩子掏耳屎。一旦碰伤鼓膜会影响听力，碰伤外耳道皮肤，易生疮长疖。教会孩子擤鼻涕。如果用力擤，鼻腔内压力太大，细菌就可从鼻咽部进入耳咽管，引起中耳炎。

第二节　婴幼儿的心理学知识

一、人生第一年

儿童出生后的第一年，称婴儿期或乳儿期，是儿童心理开始发生和心理活动开始萌芽的阶段，又是儿童心理发展最为迅速和心理特征变化最大的阶段。因心理变化发展迅速又分3个阶段：

（一）新生儿期（0~1月）

1. 心理发生的基础

惊人的本能。如吸吮反射、眨眼反射、怀抱反射、抓握反射、巴宾斯基反射、惊跳反射、击剑反射、迈步反射、游泳反射、巴布金反射、蜷缩反射。这些都是无条件反射，是建立条件反射的基础。

2. 心理的发生

条件反射的出现。条件反射的出现，使儿童获得了维持生命、适应新生活需要的新机制，条件反射既是生理活动，又是心理活动，其出现是心理的发生。新生儿期就在各种生活活动中学习，发展各种心理能力。因此，从孩子出生就要注意对他的教育。

3. 认识世界的开始

儿童出生后就开始认识世界，最初的认知活动突出表现在知觉发生和视听觉的集中；视听觉集中是注意发生的标志；注意的出现，是选择性反映，是人们心理能动性反映客观世界的原始表现。

4. 人际交往的开端

通过情绪和表情表现出交往的需要。

（二）婴儿早期（1～6月）

这段时间心理的发展，突出表现在视听觉的发展，在此基础上依靠定向活动认识世界，眼手动作逐渐协调。

1. 视觉、听觉迅速发展

半岁内的婴儿认识周围事物主要靠视听觉，因动作刚刚开始发展，能直接用手、身体接触到的事物很有限。

2. 手眼协调动作开始发生

手眼协调动作，指眼睛的视线和手的动作能够配合，手的运动和眼球的运动协调一致，即能抓住看到的东西。

婴儿用手的动作有目的地认识世界和摆弄物体的萌芽，是儿童的手成为认识器官和劳动器官的开端。

3. 主动招人

这是最初的社会性交往需要。这时期要注意亲子游戏的教育性。

4. 开始认生

这是儿童认知发展和社会性发展过程中的重要变化，明显表现了感知辨别能力和记忆能力的发展；表现儿童情绪和人际关系发展上的重大变化，出现对人的依恋态度。

（三）婴儿晚期（6～12月）

明显变化是动作灵活了，表现在身体活动范围比以前扩大，双手可模仿多种动作，逐渐出现言语萌芽，亲子依恋关系更加牢固。

1. 身体动作迅速发展

抬头、翻身（在半岁前学会）、坐、爬、站、走等动作形成。

2. 手的动作开始形成

五指分工动作和手眼协调动作同时发展，这是人类拿东西的典型。五指分工，指大拇指和其他四指的动作逐渐分开，活动时采取对立方向，坐爬动作利于它的发展。除五指分工之外，手的动作发展还表现在：①双手配合；②摆弄物体；③重复连锁动作。

3. 言语开始萌芽

这时发出的音节较清楚，能重复、连续。这时期的婴儿已能听懂一些词。

4. 依恋关系发展

分离焦虑，即亲人离去后长时间哭闹，情绪不安，是依恋关系受到障碍的表现。开始出现用"前语言"方式和亲人交往，孩子理解亲人的一些词，作出所期待的反应，使亲人开始理解他的要求。

二、先学前期 (1~3岁)

这是真正形成人类心理特点的时期。具体表现为学会走路、说话，出现思维；有最初独立性。高级心理过程逐渐出现，各种心理活动发展齐全。

1. 学会直立行走

1~2岁独立行走不自如，有其生理原因：①头重脚轻；②骨骼肌肉嫩弱；③脊柱弯曲没完全形成；④两腿和身体动作不协调。

2. 使用工具

1岁半左右，已能根据物体的特性来使用，这是把物体当做工具使用的开端，孩子使用工具经历一个长期过程，可能出现反复或倒退现象。

3. 言语和思维的真正发生

人类特有的言语和思维活动，是在2岁左右真正形成的。出现最初的概括和推理，想象也开始发生。

4. 出现最初的独立性

人际关系的发展进入一个新阶段，是开始产生自我意识的明显表现，是儿童心理发展上非常重要的一步，也是人生头3年心理发展成就的集中体现。

三、学前期（3~5岁）

这期间是心理活动形成系统的奠基时期，是个性形成的最初阶段。

（一）学前初期（3~4岁）

在幼儿园称小班，特点突出表现如下。

1. 最初步生活自理

幼儿园生活和生活范围的扩大，引起心理发展上的各种变化，认识能力、生活能力、人际交往能力都迅速发展。

2. 认识依靠行动

认识活动是具体的，依靠动作和行动进行，思维是认识活动的核心，即"直观行动思维"。

3. 情绪作用大

心理活动情绪性极大，认识过程主要受情绪及外界事物左右，不受理智支配。

4. 爱模仿

模仿性突出，模仿也是幼儿主要的学习方式。

（二）学前中期（4~5岁）

心理发展出现较大质变，表现在认识活动的概括性和行为的有意性明显开始发展，具体表现在：①更加活泼好动；②思维具体形象；③开始接受任务；④开始自己组织游戏。

（三）学前晚期（5~6岁）

1. 好问好学

幼儿在这时期有强烈的求知欲和学习兴趣，好奇心比以前深刻。

2. 抽象思维能力开始萌发

大班幼儿思维仍是具体形象思维，但明显有抽象逻辑思维萌芽。

3. 开始掌握认知方法

出现有意地自觉控制和调节自己心理活动的能力，认知方面有了方法。运用集中注意的方法，有意记忆的运用。

4. 个性初具雏形

有较稳定的态度、兴趣、情绪、心理活动，思想活动不那么外露。

第三节　婴幼儿的卫生保健知识

一、针对幼儿生理卫生保健

1. 婴幼儿各年龄阶段的特点

（1）胎儿期。从受孕到分娩约 40 周，共 280 天，这一时期称胎儿期。这一时期的特点是胎儿依赖于母体而生存，母亲的健康、营养及卫生状况均能对胎儿产生影响，胎儿期是人的一生中生长发育最迅速的时期，出生时的身长比受精胚胎增长 2 500 倍。近年来，医学界已越来越重视围产期的保健工作（围产期是指从怀孕 28 周（相当于 6 个半月）至出生后 1 周（7 天））。在胎儿期，母亲的身体状况、情绪、营养及某些疾病，都可影响到胎儿的生长发育。因此，卫生保健工作应从此期开始。孕妇要避免接触有害物质，预防病毒感染，谨慎用药。同时还可以利用胎教来促进胎儿的生长发育。

（2）新生儿期。从出生到生后 28 天为新生儿期。这一时期的小儿由胎内依赖母体生活转到胎外独立生活，不断接触外界新环境。由于新生儿各系统发育不够健全，各种功能不够完善，抵抗力很差，生命特别脆弱，所以易受外界不良因素的刺激而发生各种疾病，因而必须科学护理和喂养，保护新生儿免遭外界不良因素的影响，帮助小儿尽快适应环境的变化。

（3）乳儿期。从出生 28 天到 1 周岁为乳儿期。这一时期小儿的生长发育特别迅速，一年内体重 2 倍于出生时，身长 3 倍于出生时。在这一年中，作为人类特点的直立行走、双手动作、语言交际的能力也初步掌握了，大脑也迅速地发育，条件反射不断形成，这为乳儿与外界环境发生复杂的暂时联系提供了物质基础。但大脑皮质功能尚未成熟，不能耐受一些不良的刺激。因而，婴儿时期易发生高烧、惊厥等症状。同时，这个时期的小儿由于来自母体的免疫抗体逐渐消耗完，自身的免疫功能尚在形成中，所以对各种疾病的抵抗能力较弱，容易得病。另外，由于小儿从吃流质过渡到吃固体食物，其消化功能又未臻完善，故幼儿易患消化不良、营养不良、佝偻病、贫血等疾病。鉴于上述特点，这一阶段应特别注意合理喂养，按时添加辅助食品，重视预防接种，加强护理和训练，培养幼儿良好的卫生习惯，同时提供各种良好的刺激，促进其动作、语言的发展。

（4）婴儿期。婴儿期是指 1~3 周岁这段时间，1~3 岁为先学前期，又称为托儿期。这个时期的幼儿生长速度减慢，而脑的结构和功能都在逐渐改善，第二信号系统迅速建立，此时，小儿已有较为复杂的情感体验，这也是个性品质形成的阶段。因而，及时地进行早期教育有着重要的意义。这个时期的幼儿活动范围扩大了，与人交往多，接触面广，但免疫力仍低，传染病发病率较高，仍要加强预防接种。幼儿好奇好动，对生活缺乏经验，易发生意外。另外，断奶后营养供应不足，会造成营养不良，因此，为幼儿调配合理的膳食，加强安全保护以及注意预防疾病是这个时期保健工作的重点。

（5）幼儿期。幼儿期是指 3～6 周岁这一阶段，又称学龄前期。这个时期的特点是身高体重的生长缓慢下来，但对热量及各种营养素的需求量仍然较高。因此，要注意搞好幼儿园、家庭的膳食，满足他们生长所需热量及各种营养素的供给。同时，这一时期幼儿语言和动作迅速发展，大脑皮层的功能更加完善，智力活动非常活跃，是智力开发的有利时机（这个时期可称为造型期）。这一时期对幼儿性格的形成、智力的发展、行为习惯的养成有很大影响。因此，要培养幼儿良好的生活卫生习惯和独立活动的能力，发展语言和思维，培养爱学习的良好习惯，特别要重视早期教育和智力开发，但在早期教育中要避免幼儿负担过重。另外，要培养幼儿对游戏及各种体育活动的兴趣，发展基本动作，培养想象力和创造力，提高机体的功能，增强体力，（注意加强体格锻炼，增强幼儿体质），积极促进幼儿的生长发育。幼儿对疾病的抵抗力虽已增强，但由于生活范围广，其活动范围已超出了家庭和幼儿园，与外界环境的接触日益增多，得病和受伤的机会增多，所以应积极预防各种传染病及意外事故的发生。总之，这个时期的重点是应注意加强体格锻炼，增强幼儿体质，预防伤害事故的发生。

2. 幼儿生理卫生保健要点

幼儿期是人生长发育的关键时期，各系统和器官的发育都比较稚嫩，所以，对于幼儿的生活用品，生活环境，睡眠，作息时间都要有特殊要求。需要注意以下几点。

（1）家园联合搞好幼儿进食卫生，培养幼儿不偏食、不吃零食的好习惯。幼儿用餐时间应在 30 分钟为宜，既不要吃饭过快，避免囫囵吞枣、消化不良或吃零食过多；又不要吃饭拖拉，避免饭菜过凉引起脾胃失调，而引发一些疾病。进餐前后要让幼儿休息一会儿，不要在剧烈运动后就餐，餐后也不要马上做剧烈运动。

（2）幼儿的日常生活用品应提倡专人专用，特别是每天接触的盆、毛巾、水杯、餐具，不仅要专用，还要定期消毒；被褥、床单勤洗勤晒。

（3）由于幼儿手指的细小肌肉尚未发育完善，腕骨还未完全骨化，每天写字、绘画的时间不可太长。可让幼儿参加简单轻微的劳动。幼儿看电视应注意选择内容，观看荧屏的时间，每天不要超过 2 小时。连续看电视不能超过 45 分钟。

（4）幼儿大脑尚未发育完善，要有充足的睡眠时间，年龄越小，所需的时间越长，一般幼儿睡眠要 12 小时以上。避免固定一个姿势睡为佳，以防形成不良的条件反射，要有一个安静的睡眠环境。所以，搞好午休工作也是幼儿园保健工作的一个重点。

（5）园内玩具至少每周消毒 1 次，防止交叉感染，并教育幼儿保持玩具清洁。

（6）幼儿园必须定人、定点分片包干，做到每天一小扫，每周一大扫，并要抽调专人监督管理，定期进行检查评比。安排专人做好消毒工作，特别是在传染病流行期间要定期用药物消毒，使幼儿园环境卫生工作做到经常化、制度化。

二、做好幼儿心理卫生保健

1. 幼儿心理异常现象

（1）咬指甲。咬指甲是儿童时期很常见的不良行为，男女儿童均可发生。程度轻重不一，重者可引起局部出血，甚至甲沟炎。爱咬指甲的孩子常伴有睡眠不安和抽动。

（2）吮吸手指。吮吸手指在婴儿期是一种常见的现象，到 2~3 岁以后，这种现象会明显减少。随着年龄增长，会逐渐消失。如不消失，则是一种不良的行为偏差。

（3）屏气发作。屏气发作是指婴幼儿在受到刺激哭闹时，在过度换气之后出现屏气，呼吸暂停，口唇青紫，四肢僵硬，严重者可出现短暂的意识障碍。短则半分钟到 1 分钟，长则 2—3 分钟。多见于 2 岁以内的孩子。

（4）口吃。口吃是指说话时言语中断、重复、不流畅的状态，是儿童期常见的语言障碍。约有半数口吃的儿童在 5 岁前发病。

（5）言语发育延迟。言语发育延迟是指儿童口头语言出现较同龄正常儿童迟缓，发展也比正常儿童缓慢。一般认为 18 个月不会讲单词，30 个月不会讲短句者均属于言语发育延迟。

（6）选择性缄默症。选择性缄默症是指已获得语言能力的孩子，因为精神因素的影响，在某些特定场合保持沉默不语。如在学校里不讲话，但在家里讲话。这种心理问题多在 3 ~ 5 岁时起病。

（7）遗尿症。遗尿症指 5 岁以上的孩子还不能自己控制排尿，夜间经常尿湿床铺，白天有时也尿湿裤子。多见于 5 ~ 10 岁的儿童，男孩多于女孩。

（8）抽动症。抽动症指局限于身体某一部位的一组肌肉或两组肌肉出现抽动。表现为眨眼、挤眉、皱额、咂嘴、伸脖、摇头、咬唇和模仿怪相等，多见于 5 岁以上的儿童，男孩多于女孩。

（9）入睡困难。入睡困难是指儿童在临睡时不愿上床睡觉，即使是躺在床上，也不容易入睡，在床上不停地翻动，或反复地要求给他讲故事，直到很晚才能勉强入睡。

（10）夜惊。夜惊指在睡眠中突然惊醒，瞪眼坐起，惊慌失措，表情痛苦，常伴有哭喊、气急、出汗等症状，多半发生在入睡后 2 小时内，醒后不能回忆。以 5 ~ 7 岁的儿童最为常见。

（11）睡行症。睡行症指睡眠中突然睁眼，坐起凝视，下床走动。多半发生在睡后 2 小时内，醒后不能回忆。见于任何年龄的儿童，多见于 5 ~ 12 岁儿童。

（12）梦魇。梦魇指从噩梦中惊醒，能生动地回忆梦里的内容，使孩子处于极度紧张焦虑状态的一种睡眠障碍。多发生在后半夜，多见于学龄前儿童。

（13）偏食。偏食是指儿童不喜欢或不吃某一种食物或某一些食物，是一种不良的进食行为。偏食在儿童中很常见，在城市儿童中约占25%左右，在农村儿童中约占10%左右。

（14）拔毛癖。拔毛癖是指儿童时期出现的经常无缘无故地拔自己的头发、眉毛、体毛的不良行为。多见于4~5岁以上的儿童。

（15）攻击行为。攻击行为是指因为欲望得不到满足，采取有害他人、毁坏物品的行为。儿童攻击行为常表现为打人、骂人、推人、踢人、抢别人的东西（或玩具）等。儿童的攻击行为一般在3~6岁出现第一个高峰，10~11岁出现第二个高峰。总体来说，攻击方式可分暴力攻击和语言攻击两大类，男孩以暴力攻击居多，女孩以语言攻击居多。

（16）退缩行为。退缩行为是指胆小、害羞、孤独、不敢到陌生环境中去，不愿意与小朋友们玩的不良行为。这种儿童对新事物不感兴趣，缺乏好奇心。

（17）依赖行为。依赖行为是指儿童对父母过分依赖，并与年龄不相符的一种不良行为。这种儿童如果父母不在，便容易发生焦虑或抑郁。

（18）分离性焦虑。分离性焦虑是指6岁以下的儿童，在与家人，尤其是母亲分离时，出现的极度焦虑反应。男女儿童均可得病，与患儿的个性弱点和对母亲的过分依恋有关。

（19）神经性尿频。神经性尿频指每天的排尿次数明显增加，但尿量不增加、尿常规正常的一种心理疾病。排尿次数可以从正常的6~8次增加到20~30次，甚至每小时10多次，每次排尿很少，有时仅几滴。以4~5岁的儿童为多见。

（20）神经性呕吐。神经性呕吐指一种反复的餐后呕吐，但不影响食欲、体重的心理疾病。常常具有癔症性格，自我中心、暗示性强，往往在明显的心理因素作用下发病，以女孩为多见。

（21）性识别障碍。性识别障碍是指儿童对自身性别的认识与自己真实的解剖性别相反，如男性行为特征像女性，或持续否认自己具有男性特征。多见于3岁以上的儿童。

（22）孤独症。孤独症是一类以严重孤独，缺乏情感反应，语言发育障碍，刻板重复动作和对环境奇特反应为特征的疾病。多见于男孩，男女比例为（4~5）：1。

2. 做好幼儿心理卫生保健

要做好幼儿心理卫生保健，必须要有细心和耐心，观察和了解幼儿期的心理特点，在新生入园前，教师要记住每个幼儿的姓名。在新生入园前，教师就应努力通过相片记住每个幼儿的相貌和名字；当幼儿来园时，对小班幼儿可用他在家用的小名称呼他，同时，今后幼儿每天来园时，教师都要大声而亲切地称呼他，这样可以大大地缩短师生之间的心理距离，有利于幼儿建立最初的情感。要关注每一个处于心理困境的幼儿。教师要善于观察与揣摩幼儿的心态处境，然后选择时机有针对性地用"良言"抚摸他、温暖他、激励他；还要防止和改变幼儿胆怯、懦弱的异常心理，要改变不正确的教育方法，尽可能的正确引导、要帮助幼儿克服任性、固执的不良性格。要有目的、有意识地培养幼儿良好的智力和非智力品质，为幼儿今后更好地学习、发挥特长打下一个良好的基础。

三、确保幼儿膳食卫生健康

1. 配制幼儿膳食的原则

（1）适合幼儿营养的需要。各种营养素种类齐全，供应量适宜，可满足迅速生长发育时期所必需的营养物质。

（2）注意食物的品种、数量和烹调方法，适应幼儿肠胃道的消化和吸收功能。

（3）食物能促进食欲。尽量使事物的外形美，色诱人，味可口，香气浓，花样多，以促进幼儿食欲。

（4）讲究卫生。注意饮食卫生，严防食物中毒。

2. 在《中国居民膳食指南》的指导下配膳

为了提出符合我国居民营养健康状况和基本需求的膳食指导建议，2016 年 5 月 13 日由国家卫生计生委疾控局发布了《中国居民膳食指南》。其针对 2 岁以上的所有健康人群提出 6 条核心推荐，分别为：食物多样，谷类为主；吃动平衡，健康体重；多吃蔬果、奶类、大豆；适量吃鱼、禽、蛋、瘦肉；少盐少油，控糖限酒；杜绝浪费，兴新食尚。

（1）食物多样，谷类为主。每天的膳食应包括谷薯类、蔬菜水果类、畜禽鱼蛋奶类、大豆坚果类等食物。平均每天摄入 12 种以上食物，每周 25 种以上。

每天摄入谷薯类食物 250 ~ 400g，其中，全谷物和杂豆类 50 ~ 150g，薯类 50 ~ 100g。食物多样、谷类为主是平衡膳食模式的重要特征。

（2）吃动平衡，健康体重。各年龄段人群都应天天运动、保持健康体重。

食不过量，控制总能量摄入，保持能量平衡。

坚持日常身体活动，每周至少进行 5 天中等强度身体活动，累计 150 分钟以上；主动身体活动最好每天 6 000 步。

减少久坐时间，每小时起来动一动。

（3）多吃蔬果、奶类、大豆。蔬菜水果是平衡膳食的重要组成部分，奶类富含钙，大豆富含优质蛋白质。

餐餐有蔬菜，保证每天摄入 300 ~ 500g 蔬菜，深色蔬菜应占 1/2。

天天吃水果，保证每天摄入 200 ~ 350g 新鲜水果，果汁不能代替鲜果。

吃各种各样的奶制品，相当于每天液态奶300g。

经常吃豆制品，适量吃坚果。

（4）适量吃鱼、禽、蛋、瘦肉。鱼、禽、蛋和瘦肉摄入要适量。

每周吃鱼280～525g，畜禽肉280～525g，蛋类280～350g，平均每天摄入总量120～200g。

优先选择鱼和禽。

吃鸡蛋不弃蛋黄。

少吃肥肉、烟熏和腌制肉制品。

（5）少盐少油，控糖限酒。培养清淡饮食习惯，少吃高盐和油炸食品。成人每天食盐不超过6g，每天烹调油25～30g。

控制添加糖的摄入量，每天摄入不超过50g，最好控制在25g以下。

每日反式脂肪酸摄入量不超过2g。

足量饮水，成年人每天7～8杯（1 500～1 700ml），提倡饮用白开水和茶水；不喝或少喝含糖饮料。

儿童少年、孕妇、乳母不应饮酒。成人如饮酒，男性一天饮用酒的酒精量不超过25g，女性不超过15g。

（6）杜绝浪费，兴新食尚。珍惜食物，按需备餐，提倡分餐不浪费。

选择新鲜卫生的食物和适宜的烹调方式。

食物制备生熟分开、熟食二次加热要热透。

学会阅读食品标签，合理选择食品。

多回家吃饭，享受食物和亲情。

传承优良文化，兴饮食文明新风。

3. 确保幼儿膳食卫生健康

身体健康是幼儿健康成长的基础，为保障儿童健康成长，不仅要让孩子积极锻炼身体，而且要家长保育员普及儿童膳食营养健康知识。总的原则是：应做到荤素平衡，干稀交替，米面和粗粮搭配。在一般情况下，每日进主餐 3 次，主餐间宜进点心 1 次，晚餐后除水果外不再进食，睡前尤忌甜食，以保证最佳睡眠状态，并可预防龋齿的发生。

幼儿的生理特点之一是易感口渴，因而应多补充水分。幼儿的最佳饮料是温开水。清凉饮料、冰淇淋、可口可乐、咖啡、茶水、果奶或酸牛奶以少饮或不饮为宜，糖果和甜食以餐前少吃为佳，以免影响食欲和正常进餐。

此外，还应重视饮食卫生。幼儿应少吃生冷食物，不吃隔夜饭菜和不洁食物，半成品和熟食应在取食前充分蒸透烧熟。同时，应格外强调幼儿及其抚养者在饭前便后洗手，将幼儿所用餐具定期清洗消毒。只有重视了饮食卫生，才能较好地预防或减少幼儿疾病的发生，保证幼儿健康成长。

在保证食物新鲜、色香味形以促进食欲的同时，幼儿食物应切碎、煮烂，以利于幼儿咀嚼、吞咽、消化。应去除烹调原料中的刺、骨、核等，如系硬果类食物，应先研碎后调糊取食，只有这样才能使幼儿免遭梗塞、刺和呛咳的伤害。烹调手段应以蒸、煮、炖、煨、炒为主，口味宜清淡 。

第四节 婴幼儿的常见病及防治知识

一、婴幼儿常见病及其防治

（一）佝偻病

1. 病因

婴幼儿患佝偻病主要是由于体内维生素 D 缺乏，导致钙、磷代谢出现障碍和骨样组织钙化出现障碍，影响婴幼儿骨骼的正常生长所致；缺乏日光照射也是婴幼儿患佝偻病的原因。因为，人体中的 7 - 脱氢胆固醇只有经过日光中的紫外线照射，才能转化成维生素 D；另外，生长过快的婴幼儿由于身体消耗的钙大量增加，容易患佝偻病，人工喂养的婴幼儿由于牛奶中的钙、磷比例不适宜，难以吸收，也易患佝偻病。

佝偻病影响患儿正常的生长发育，并易引起其他疾病，婴幼儿教育机构应积极采取措施，预防小儿佝偻病的发生。

2. 症状

佝偻病是婴幼儿的常见病，患儿一般出现机体抵抗力下降，严重时可引起骨骼发育畸形，影响身体生长发育，但因发病缓慢，易被忽视。常见症状主要有多汗、夜惊、烦躁、枕突和各种骨骼变形。

（1）多汗。缺钙的婴幼儿往往在夜间睡觉时出汗多，也叫"盗汗""夜汗"，特别是睡熟以后多汗，即典型的缺钙。但并非所有的多汗都是由身体缺钙引起，婴幼儿在白天吃奶或活动时出汗多属于正常生理情况，不属于缺钙。

（2）夜惊。夜惊即婴幼儿在晚上睡觉时突然惊醒、哭闹．甚至尖叫。

（3）枕突。一般发生在婴儿阶段，即婴儿后脑勺有一圈光秃秃的"不毛之地"，幼儿一般很少见。

（4）骨骼变形。由身体缺钙引起的骨骼变形主要有肋骨外翻、鸡胸、漏斗胸、X 形腿、O 形腿等，这些是较为严重的佝偻病症状（图 2-1），随着人们对婴幼儿健康成长的重视，这些症状现已很少出现。

3. 预防

（1）婴幼儿要多晒太阳，增加紫外线的照射时间，以促使体内维生素 D 的形成，促进钙质的吸收。

（2）母乳中的钙利于婴儿吸收，因此，对于一岁内的婴儿

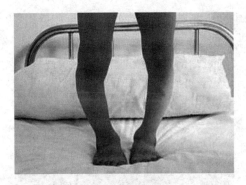

图 2 - 1　佝偻病

应尽量母乳喂养，在哺乳期间，妈妈要补充适量的钙剂、鱼肝油，多晒太阳。

（3）对婴幼儿加强体育锻炼，对已出现骨骼变形症状者，可采取主功和被动运动的方法进行矫正。

（二）婴幼儿单纯性肥胖症

1. 病因

婴幼儿单纯性肥胖症是由于长期能量的摄入超过人体消耗，造成体内脂肪堆积过多，导致体重超常、体态臃肿的营养障碍性疾病。具体原因有以下几种。

（1）能量摄入过多，如长期过多摄入淀粉类、高脂肪类食物，超过体内代谢需要，富余的能量就会转化为脂肪储存于体内。

（2）缺乏体育活动，致使能量过剩，从而引起婴幼儿肥胖。

（3）遗传因素的影响，目前很多专家认为肥胖多与基因遗传有关。父母有肥胖症，其子女患肥胖症的概率就会大大增加。

2. 症状

患儿主要的症状是体重超标、体态臃肿（图 2 - 2）。体重超过正常体重标准的 10%，为超重；超过 20%，为轻度肥胖；超过30%，为中度肥胖；超过50%，为重度肥胖。

图2-2　单纯性肥胖症

3. 预防

（1）注意饮食。控制肥胖婴幼儿食物的摄入量，少吃高淀粉、高脂肪及油炸食品，多吃蔬菜水果。

（2）加强锻炼。引导婴幼儿多进行有氧体育运动，促使体内能量进行代谢分解，减少脂肪的合成。

（三）缺铁性贫血

缺铁性贫血是婴幼儿常见病之一，其发病是由于体内铁元素缺乏，影响血红蛋白的合成所致。

1. 病因

（1）先天储铁不足，如早产、双胞胎或母亲患严重贫血症等。

（2）铁元素摄入不足，如婴儿期没有及时添加辅食，或婴幼儿偏食、消化功能紊乱等，都可能引起贫血。

（3）生长发育过快，导致体内铁的供应量小于需求量所致。

（4）体内铁丢失过多，如用未经加热的鲜牛奶喂养婴儿可因蛋白质过敏而发生小量肠出血，肺炎、支气管炎、钩虫病等也能引起体内铁的流失。

（5）铁吸收量少，如长期腹泻、胃肠炎等可降低身体对铁的吸收。

2. 症状

患儿会出现面色苍白、头晕、乏力、食欲缺乏、恶心腹胀、注意力不集中等症状，有的甚至出现肝、脾、淋巴结肿大等症状

3. 预防

（1）提倡婴儿母乳喂养，母乳含铁量虽少，但较易吸收，吸收率高达50%。

（2）合理安排患儿的休息与活动对于轻度贫血症患儿，要选择合适的运动项目，应避免剧烈运动，注意间歇，保证足够的睡眠；对于重度贫血症患儿，应根据其耐力情况确定活动强度、持续时间及休息方式，以不感到疲劳为宜。

（3）合理安排婴幼儿饮食。纠正婴幼儿偏食的不良习惯；多提供含铁丰富易吸收的食物．如动物血、内脏、精肉、鱼类及大豆食品等；避免婴幼儿饮用浓茶，因为，浓茶不利于其对铁的吸收。

（四）斜视

斜视俗称"斜眼"，是眼的视轴发生偏斜，并且不能为双眼的融合机能克服而致。斜视是婴幼儿期易发的五官疾病之一。

1. 病因

（1）视觉系统发育不完善。儿童，尤其是婴幼儿双眼单视功能发育不完善，不能很好地协调眼外肌，任何不稳定的因素都可能引起斜视的发生。

（2）视觉系先天异常。先天异常可由遗传因素、眼外肌本身发育异常，或支配肌肉的神经麻痹所致。

（3）眼球发育特点使婴幼儿易患斜视。婴幼儿眼球小，眼轴短，睫状肌收缩力强，眼球运动中枢控制能力不足，这些因素

都使婴幼儿易患斜视。

2. 症状

婴幼儿患斜视时，轻者无症状出现，重者会出现眼痛、视觉模糊、复视及眩晕等症状。

3. 防治

（1）在为婴幼儿悬挂玩具时不可挂得太近，并要经常变换玩具的位置。

（2）当婴幼儿可以自己把玩玩具时，成人要注意避免其长时间、近距离地注视玩具。

（3）应多带婴幼儿到户外活动，并有意识地引导他们向远处眺望。

（4）夜间开灯睡觉或摇篮内安装照明灯都不利于婴幼儿眼睛的正常发育，应予避免。

（五）弱视

弱视是指视觉系统没有器质性病变，在经过矫正后仍达不到正常视力（低于0.9）的疾病，它属于婴幼儿视觉系统发育障碍性疾病。

1. 病因

原因之一是受眼睛斜视影响，单眼偏斜可致该眼弱视，而弱视又可形成斜视；原因之二是婴幼儿的视觉系统发育较快，在发育过程中，双眼或单眼接受的视觉刺激较少，使视力发育缓慢或受阻而致。

2. 症状

婴幼儿患弱视时，常出现视力减退，重度弱视者的视力为小于或等于0.1，中度者视力为0.2～0.5，轻度者视力为0.6～0.8；同时，常常有眼位偏斜。

3. 防治

（1）早发现、早治疗。弱视的治疗效果与年龄及固视性质有关，5~6岁治愈效果较好，8岁后较差。因此，婴幼儿每年要定时查体，及早发现问题，及早进行治疗。

（2）多运动，增强身体素质。

（3）注意用眼卫生，如在玩玩具、看书或画画时眼睛不要距离物体太近，且光线要充足、适度，发现婴幼儿用不正确的姿势观察物体（如歪着头、使用单侧眼睛或斜着眼睛看物体等）时，要及时给予纠正。

（4）注意眼睛的营养供给，鼓励婴幼儿多吃粗粮、杂粮、蔬菜、水果，养成良好的饮食习惯，不挑食，少吃含糖量高的食物，不吃或少吃零食。

（六）中耳炎

中耳炎是鼓室黏膜的炎症，是婴幼儿发生耳痛的一种常见病，常见于8岁以下儿童。

1. 病因

婴幼儿咽鼓管腔宽而平，容易被细菌侵入，通常是由普通感冒或咽喉部位感染等上呼吸道感染所引发的疼痛并发症。

2. 症状

婴幼儿患中耳炎时一般会出现发热、耳内闷胀感、堵塞感、耳鸣、流脓、听力减退等症状。

3. 防治

（1）避免奶汁、洗澡水等经咽鼓管呛入中耳引发中耳炎。母亲给孩子喂奶时应取坐位，把婴儿斜抱怀中，使其能够头部竖直吸吮奶汁；给婴幼儿洗澡或洗头发时应注意防止水流入耳道。

（2）注意室内空气流通，保持鼻腔通畅，积极治疗鼻腔疾病，擤鼻涕不能太用力和同时压闭两只鼻孔，应交叉单侧擤鼻涕。

（3）积极防治感冒。

（4）注意让患儿充分休息，保证睡眠时间，增强自身的抗病能力。

（5）及时清洁患儿的外耳道，躺卧时耳朵疼痛的一侧朝下，以便让耳内的渗出液排出。

（6）可进行外耳道局部用药，严重者应及时去医院就诊。

（七）上呼吸道感染

上呼吸道感染是由细菌或病毒感染而引起的上呼吸道炎症，可分为普通感冒和流行性感冒2种。普通感冒，中医称"伤风"，是由多种病毒引起的一种呼吸道常见病；流行性感冒，是由流感病毒引起的急性呼吸道传染病。

1. 病因

一般情况下，婴幼儿因体质较弱且免疫功能发育不完善，在气候突变，或身体过于疲倦的情况下易患感冒。

2. 症状

早期症状有咽部干痒或灼热感、打喷嚏、鼻塞、流涕等，开始为清水样鼻涕，2~3天后变稠，并可伴有咽痛或不同程度的发热、头痛。一般经5~7天痊愈。

3. 防治

（1）一般感冒需要多喝水、多休息，减少活动或不活动。

（2）有咳嗽、有痰、流鼻涕、鼻塞等症状时可依不同情况给予药物治疗。一般不使用抗生素，当有炎症出现或怀疑细菌感染时，方可选择抗生素类药物进行治疗。

（3）在感冒流行时尽量减少婴幼儿出入公共场所的机会。

（4）注意营养合理搭配，婴儿要及时添加辅食，防止营养不良；幼儿要提供合理的膳食，以保证所需营养的全面供给。

（5）加强婴幼儿体育锻炼，常用冷水洗脸，以增强体质，提高自身的抗病能力。

（八）支气管肺炎

肺炎有多种类型，支气管肺炎是婴幼儿的常患病类型。

1. 病因

支气管炎主要是由细菌或病毒引起的急性肺部发炎，多见于3岁以下婴幼儿一年四季均可发病，我国北方春、冬季较多见，南方夏季较多见。

2. 症状

支气管肺炎一般是由上呼吸道感染后炎症向下蔓延所致，伴有发热、咳嗽、呼吸急促等症状，肺部在听诊中有中小水泡音，X射线检查有片状阴影。重症患者有可能引发心肌炎，表现为面色苍白、心动过速。

3. 防治

（1）保持室内空气新鲜，室内温度在 18 ~22℃，同时，湿度保持在 55% ~60% 。

（2）患儿注意卧床休息，减少活动；衣着宽松舒适，被褥不宜盖得过厚，以免影响呼吸，加重气喘；要密切关注体温变化，根据具体情况采取相应护理措施。

（3）要给患儿提供营养充足且易消化的食物，以保证足够营养，但应少食多餐，避免油炸食品及易产气的食物，以免造成腹胀，妨碍呼吸；同时，要鼓励患儿多饮水，防止发热导致的脱水。

（4）根据患儿病症和身体状况选择相应的抗生素和抗病毒类药物。

（5）预防以注意饮食、加强体育锻炼为主，避免在感冒流行时频繁出入公共场所。

（九）扁桃体炎

1. 病因

扁桃体炎大都由于机体抵抗力降低而感染细菌或病毒所致，婴幼儿在疲劳和着凉时易得此病。

2. 症状

扁桃体发炎主要症状为发热、咳嗽、咽痛，严重时高热不退，患儿吞咽疼痛、困难。

3. 防治

（1）应用抗生素消炎是主要治疗原则，同时，要注意解热镇痛，多喝开水，饮食以流食为宜。

（2）由于扁桃体属于身体的免疫器官，对于反复发作或慢性患儿要慎用切除法；对于扁桃体肥大的婴幼儿，如无临床症状，可不予治疗，随着年龄的增长和免疫力的增强，扁桃体大小会逐渐转为正常。

（十）龋齿

1. 病因

龋齿是指牙齿因为牙釉质被酸性物质腐蚀所致的腐烂或蛀牙，一般是由于口腔内细菌侵蚀了牙齿组织中的有机物质所致。婴幼儿的乳牙因为牙釉质和牙本质较薄弱，而更容易被细菌破坏而患龋齿。

2. 症状

早期龋齿无明显症状，仅牙齿表面的釉质层被零星破坏；随着病情的发展，牙齿会形成龋洞，对甜、酸或冷、热食品敏感，甚至引发牙痛。

3. 防治

（1）注意婴幼儿的口腔卫生，培养饭后漱口、早晚刷牙的好习惯，减少口腔内的牙渍和细菌数量，以预防蛀牙。

（2）氟化物可以巩固牙齿，预防龋齿发生，幼儿可选用含氟牙膏。

（3）婴幼儿患龋齿后要及时治疗，基本治疗方法是通过牙科医生进行规范补牙。

（十一）痱子

1. 病因

婴幼儿皮肤娇嫩，汗腺发育和通过汗液蒸发调节体温的功能较成人差，在温度高、湿度大的夏季，汗液不易排出，渗透到毛孔的周围组织，就会刺激皮肤出现疹子，这是婴幼儿容易长痱子的主要原因。

2. 症状

痱子多出现在前额、颈部、前胸、腋窝、后背和大腿根等处，皮肤开始会出红色斑点，继而出现针尖大小的疹子或水疱，伴有痒痛感（图2－3）。

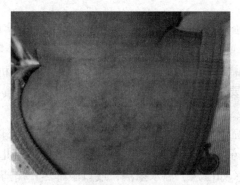

图2－3　痱子

3. 防治

（1）保持室内通风。

（2）婴幼儿衣服要宽大、干燥，避免穿化纤内衣，并勤换洗。

（3）天气炎热时婴幼儿应常用温水洗澡，以保持皮肤清洁，浴后敷用痱子粉或爽身粉。

（4）夏季应多给婴幼儿喝绿豆汤、金银花水，忌食辛辣刺激性食物及浓茶、咖啡等。

（5）婴幼儿生了痱子，不要涂抹软膏或油类制剂，避免用手挤弄、搔抓患处，以免引起细菌感染；一旦出现大面积痱毒，应及时到医院治疗。

（十二）疱疹性口腔炎

1. 病因

疱疹性口腔炎俗称口疮、口腔溃疡，是一种由单纯疱疹病毒所引起的常见口腔黏膜疾病。

2. 症状

口腔内、唇、舌、颊黏膜、齿龈等处出现淡黄色或白色的小溃疡面，单个或多个不等，边沿有红晕，表面局部有疼痛感。

3. 防治

（1）增强婴幼儿身体素质，注意营养搭配，多吃新鲜水果和蔬菜以清理肠胃，提高免疫能力。

（2）注意口腔卫生，要经常用温开水漱口。

（3）不要给患儿吃过热、过硬及有刺激性的食物，应以流食为主。

（4）重症口疮患儿可有发热、烦躁等症状，家长应遵医嘱，采用局部用药，或给患儿吃药、打针；对于高热患儿，要及时给予物理降温，如冷敷、温水擦浴，或口服解热止痛药等。

二、婴幼儿常见病一般检查及预防

1. 一般检查

由于婴幼儿年龄小，一般情况下无法用语言准确表述自己的身体不适．成人只有通过细心观察，及时发现病情，作出诊断，才能保证孩子健康成长。

（1）观察精神状态。正常情况下，婴幼儿活泼好动，情绪饱满，对外界的事物充满好奇心，喜欢与人交流，若出现精神萎靡、表情呆滞、疲倦、烦躁、嗜睡、哭声异常等症状，则表明可能出现病症。

（2）观测皮肤与体温。婴幼儿的皮肤和体温是判断其是否健康的重要标志。健康的婴幼儿面色红润，富有光泽，而患高热时则会出现红中带微紫，营养不良时可能会面色苍白或发黄，患黄疸性肝炎时皮肤和巩膜（即眼球外围的白色部分）同时，呈黄色，患结核病或佝偻病在熟睡时皮肤出汗过多，而皮下脂肪的厚薄程度则显示婴幼儿营养状况的好坏。

一般来说，正常婴幼儿的腋下体温是 36～37℃，体温变动的幅度为 1℃，当体温升至 37.1～38℃ 时为低热，在 38.1～39℃ 时为中度发热，在 39℃ 以上时为高度发热。

（3）检查颈部与淋巴结。婴幼儿时期其淋巴结发育较快，正常婴幼儿在颈旁、腋窝、腹股沟处可摸到单个软软的淋巴结，大小不等，但颏下、锁骨及肘部淋巴结不应该摸到。婴幼儿在患病时颈部的淋巴结会出现肿大，尤其是颏下的淋巴结，在按压时会有疼痛感；另外，颈部可能会出现后倒、强直现象。

对于婴幼儿的胸部和四肢也要经常检查，看一看是否有佝偻病，四肢发育是否对称等，以随时发现婴幼儿成长过程中出现的问题，并及时给予治疗。

（4）检查五官。

①对眼睛的检查为：检查婴幼儿的眼睑是否肿胀、下垂或出血，眼球是否突出，2 个瞳孔大小是否相等，眼结膜是否充血，眼角膜有无溃疡、浑浊或不透明点等。对耳朵的检查为：拉动外耳时是否有疼痛感，耳道有无异常、脓液，如婴幼儿哭闹、发热，应该考虑是不是患了中耳炎。

②对口鼻的检查为：检查口和鼻时，要察看有无口臭、口腔炎，扁桃体是否肿大，舌苔是否正常，是否龋齿；鼻涕是否有黏性分泌物，以判断是否患鼻窦炎等。

2. 一般预防

(1) 加强体育锻炼, 增强婴幼儿体质。体育锻炼有助于提高婴幼儿机体神经、体液等的平衡调节能力以及肌肉、骨骼、关节等运动系统的相互协调能力, 这对增强婴幼儿免疫力, 促进其体格、智力发育具有直接作用。适合婴幼儿的各项体育活动主要有体育游戏, 如跳绳、玩球、集体游戏; 在户外玩大型玩具, 如滑梯、跷跷板、平衡木; 带领婴幼儿定时跑步、散步以及适当的旅行等。

(2) 进行"三浴", 提高婴幼儿自身免疫力。"三浴"指日光浴、温水浴、空气浴。日光照射可加速婴幼儿体内维生素 D 的合成与转化, 促进其机体对钙的吸收和利用, 从而增进婴幼儿骨骼的生长发育, 有效防治佝偻病。在夏季, 由于紫外线强烈, 要避免强烈日光的直接照射, 上午可安排在 7：30—10：00, 在 15：30—15：00 为宜; 日光强烈时宜在树荫下活动; 每日户外活动时间为 3 小时左右。冬季进行日光浴可选择天气晴朗、阳光充足的中午时段, 尽量将婴幼儿的皮肤与阳光直接接触, 摘掉帽子和手套, 或直接将其臀部暴露在日光下, 注意 10：00 以前和 15：00 以后不宜进行。温水浴可促进血液循环, 加速婴幼儿皮肤的新陈代谢, 保持机体内环境的稳定, 在伴有按摩及辅助运动时效果更佳。夏季每日可进行 1～2 次, 冬季进行时要保持室温在 25℃ 以上, 学龄前后儿童也可进行游泳锻炼。

大自然新鲜空气中的氧气充足, 有利于婴幼儿的生长发育, 并可增强婴幼儿对气温变化的适应力。满月后的婴儿可开始到户外 (冬季不宜) 接受新鲜空气的沐浴, 大些的孩子可多到户外空气新鲜的环境中散步和玩耍, 平时室内要经常开窗通风换气, 以保证空气新鲜、氧气充足。

(3) 平衡营养。婴幼儿时期是快速生长发育的阶段, 对碳水化合物、蛋白质、脂肪、矿物质及维生素等营养素的需求较多，当这些营养供应不足或摄入不平衡时，婴幼儿机体的抵抗力会下降，影响生长的速度，甚至引发各种疾病。因此，要提高婴幼儿的自身抗病能力，就必须注意其膳食与营养的均衡。

婴儿时期，在提倡母乳喂养的基础上，要及时添加各种辅食，如蔬菜、鱼类、肉类、奶类，各种饼干、米粉等食物，并加工成婴儿能够和喜欢食用的食品，以保证其营养的全面和均衡。2 岁半时，20 颗乳牙基本出齐，对食物的选择更加厂泛．这时，为幼儿选择利于消化吸收、营养全面、安全卫生的食尤为重要。

总之，在婴幼儿时期．既要提供丰富充足的营养，又要注意防止偏食导致的营养素失调；既要提供多样化的食品，又要适量增加容易被忽视的膳食纤维，以保持婴幼儿肠胃功能的健康，从而达到营养的均衡。

三、婴幼儿常见传染病及其防治

1. 流行性腮腺炎

（1）病因。腮腺炎病毒属副黏液病毒科。病毒呈球形直径为 $100 \sim 200 \mu m$，孢膜上有神经氨酸酶血凝素及具有细胞融合作用的 F 蛋白。该病毒仅有一个血清型，因与副流感病毒有共同抗原，故有轻度交差反应。从患儿唾液、脑脊液、血、尿、脑组织及其他组织中均可分离出病毒。

（2）症状。患者被感染后，部分患者可有倦怠、畏寒、食欲不振、低热、头痛等症状，其后会出现一侧腮腺肿大或两侧腮腺同时肿大（图 2-4），腮腺肿大可持续 5 天左右，以后逐渐减退，病程约 7 ~ 12 天。腮腺炎病毒多存在于唾液、鼻咽分泌物中，可通过飞沫传播或密切接触传播。90% 病例发生于 1 ~ 15岁，尤其 5 ~ 9 岁的儿童。

（3）预防。

①流行性腮腺炎是疫苗可预防性疾病，接种疫苗是预防流行

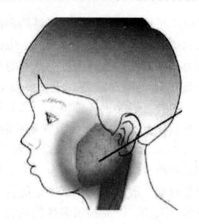

图2-4 流行性腮腺炎

性腮腺炎最有效的方法，儿童应按时完成预防接种，1.5岁接种一针，6岁接种一针。15岁以下儿童均可接种。目前，有麻腮疫苗、麻风腮疫苗。

②在呼吸道疾病流行期间，尽量减少到人员拥挤的公共场所；出门时，应戴口罩，尤其在公交车上。

③一旦发现孩子患疑似流腮，有发热或出现上呼吸道症状时，应及时到医院就诊，有利于早期诊治。

④培养幼儿养成良好的卫生习惯，做到"四勤一多"：勤洗手、勤通风、勤晒衣被、勤锻炼身体、多喝水。

2. 水痘

（1）病因。水痘是由病毒引起的呼吸道传染病。病毒存在于病人的鼻咽分泌物及水痘的浆液中。从病人发病日起到皮疹全部干燥结痂，都有传染性。病初，主要经飞沫传染。皮肤疱疹破溃后，可经衣物、用具等间接传染。人群对水痘普遍易感，感染水痘后则很少再有第二次感染。以6个月至3岁的小儿发病率最高。多发生于冬春季，其他季节可散发。

（2）症状。潜伏期一般为2~21天，平均为14~16天。起病较急，有低度或中度发热，不适，上呼吸道症状等，数小时或者1~2日内出现皮疹。皮疹为红色斑疹，数小时后变为深红色丘疹，再数小时后变为疱疹。部位表浅，大小不等，卵圆形，壁薄易破。疱液起初明似水滴，围绕红晕，逐渐变为混浊，有痒感，1~2日后干燥结痂，数日后脱痂，脱痂后不留疤痕。皮疹以躯干及四肢近端为多，呈向心性分布。由于皮疹分批出现，故出疹2~3天后，在同一部位可见到各阶段的皮疹，在病人皮肤上可见到3种皮疹：红色小点、水疱、结痂。出疹期间，皮肤刺痒。

（3）预防。

①水痘患儿应与家庭隔离，病情较重或有并发症者须住院隔离，直至皮疹全部干燥结痂为止。

②接触病儿者，应隔离观察3周，无病象才能回幼儿园。病人停留过的房间，开窗通风3小时。

（4）护理。

①发病期间应卧床休息，给予充足的水分和易消化的饮食。室内保持空气清新，吃容易消化的食物，多喝开水。

②衣服被褥要清洁，衣服要宽大，柔软，经常更换。勤换骨衣和床单。

③保持手，皮肤及口腔的清洁。修剪指甲，必要时包裹双手，防止抓破皮疹引起感染。水痘感染，日后会落下疤痕。可用炉甘石洗剂等止痒。

④疱疹破裂者，局部可涂2%龙胆紫，预防皮疹继发性细菌性感染。同时，在疱疹上涂龙胆紫，可使疱疹尽快干燥结痂。

⑤需隔离到全部皮疹结痂为止。没出过水痘的孩子要避免和病儿接触。长期服用肾上腺皮质激素类药物的孩子，要特别注意预防水痘，因一旦被传染上水痘，可使病情恶化。

此病愈后良好，一般病儿只需加强护理，减轻症状痛苦并预防继发感染。

3. 麻疹

（1）病因。麻疹是一种由麻疹病毒引起的急性出疹性传染病，具有高度传染性。病人是唯一传染源。带病毒的飞沫通过喷嚏、咳嗽、说话等，直接传播入呼吸道，也可污染日用品、玩具、衣服等间接传播。此病多见于半岁以上幼儿，以 1~5 岁发病率最高。近年来由于使用麻疹疫苗后，发病年龄有高移的趋势，症状亦不典型。麻疹一年四季都可发生，但以冬春节多见。

（2）症状。潜伏期 8~14 天不等，一般为 10~12 天。

前驱期：开始如感冒，发烧体温在 38~39℃左右。病儿咳嗽、流涕、喷嚏、眼红多泪、畏光。起病 2~3 天后，颊粘膜近磨牙处可见白色小点，周围绕以红晕，即科氏斑，逐渐增多可延及牙龈及唇黏膜，为早期诊断的依据。

出疹期：在起病的第 4~5 天，前驱期症状加重，并出现皮疹，其出疹顺序为：耳后、额部发际—面、颈、上胸—自上而下蔓延全身—四肢—手掌、足底。起初皮疹稀疏分布呈淡红色，逐渐密集融合而呈暗红色，疹间可见正常皮肤。

恢复期：皮疹出齐后，体温渐降，症状随之减轻至消失，病儿精神好转。4~5 天后，皮肤有糠状脱屑，留有棕色斑痕，约 1—2 周完全消失。

（3）预防。

①我国自 1965 年研制成功麻疹疫苗后，麻疹发病率大大降低，有些地区控制了流行。因而要做好预防接种工作。

②将患儿隔离至出疹后 5 天，如有并发症，延长至 10 天。

③接触麻疹病儿者，5 天内可进行被动免疫，如注射父亲或母亲的全血或血清。

④麻疹流行期间，幼儿园应加强晨检，将有上呼吸道感染和发热的易感儿及时隔离，此期间不带幼儿到公共场所。

⑤对接触者进行检疫，同时对病人停留过的房间，开窗通风3小时。

（4）护理。

①室内环境应保持安静、清洁，室温不高不低，以20℃为宜。注意通风，但应避免直接吹风。室内可遮以有色窗帘，以免强光对患者眼睛的刺激。

②由于病程较长，除发热等中毒症状外，多数病儿还伴有腹泻等胃肠机能紊乱等症状，因此，如不注意患儿的饮食及营养，病儿容易出现营养不良，加上机体防御功能降低，更易合并其他并发症。症程中应给予维生素A、B、C、D以补充消耗，防止出现维生素缺乏症。发烧与出疹时，要多饮开水，可供给病儿易消化的流质或半流质食物，采取少食多餐的办法。退烧后患儿食欲增加，需及时加强营养，如牛奶、肉米粥、鸡蛋羹等，但不宜食蟹、笋、芋头、鱼等食物。护理麻疹病儿有三忌：一忌盲目忌口，病儿身体已经消耗很大，盲目忌口容易造成营养不良，不但对恢复健康不利，还可能因缺乏维生素而导致夜盲、失明、软骨病等。二忌服大量退烧药，多服退烧药，容易多出汗，虚脱或疹子提前回退。三忌接触病人，接触病人容易并发其他疾病。

③注意眼部卫生：出麻疹时，眼部分泌物增多，有时把上下眼皮粘在一起。可以经常用温开水洗一洗，保持眼部清洁，不要让眼分泌物封住眼睛，尤其是营养不良的小孩，出麻疹增加了体内维生素A的消耗，会使角膜软化，若发生感染，就可能使眼睛失明。同时要注意鼻腔、口腔清洁，及时清除鼻腔分泌物。

④注意发现并发症：病人疹子出不透，疹色淡白或发紫，这可能是并发症的表现，应及时治疗。当孩子出的疹子"内陷"时应注意有无并发症。若皮疹刚露就色泽发暗、突然消失或疹子出不透，都叫疹子"内陷"。一般是有了并发症，如肺炎、心肌炎等，或因出汗多，体内水分不足，以至血液循环不好所引起。

⑤护理病儿的人，进入病儿所在居室要戴口罩。未出过麻疹的孩子不要跑到病儿房间里去。护理病儿后，要在院内晒晒太阳，或吹吹风再接触健康孩子。

4. 手足口病

（1）病因。手足口病是由肠道病毒引起的急性传染病，多发生于学龄前儿童，尤以3岁以下年龄组发病率最高。病人和隐性感染者均为传染源，主要通过消化道、呼吸道和密切接触等途径传播。

（2）症状。手足口病潜伏期为3~5天，主要症状表现为手、足、口腔等部位的斑丘疹、疱疹（图2-5）。普通病例一般起病急，发热达38~41℃，多持续1~3天，进而出现口腔疱疹，1~2天后手、足和臀部出现斑丘疹和疱疹。疱疹周围会有炎性红晕，疱内液体较少，常伴有咳嗽、流涕、食欲缺乏等症状，部分病例仅表现为皮疹或疱疹性咽峡炎。一般病程为5~7天，偶见10天左右。

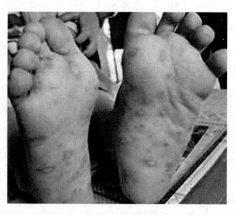

图2-5 手足口病

手足口病部分重症病例皮疹表现并不典型，但病情进展迅速，在发病 1~5 天左右出现脑膜炎、脑炎、脑脊髓炎、肺水肿、循环障碍等，极少数病例病情危重，可致死亡，存活病例可留有后遗症。因此，疾控专家提醒，儿童手足口病切莫轻视，一旦发现类似症状，应及时就诊，以免延误病情。

（3）预防。

①患儿家庭要注意居家和个人卫生，保持家庭清洁，注意开窗通风，每天最少通风三次，每次不少于 30 分钟。不要让儿童喝生水、吃生冷食物，家庭成员都要养成勤洗手的好习惯。

②患儿家庭对家居的物体表面每天进行清洁擦拭，如地面、桌面、门把手、电话等；对婴幼儿的衣物、玩具、被褥等生活用品保持清洁，定期消毒。

③手足口病流行期不宜带患病儿童到人群聚集、空气流通差的公共场所，减少感染机会。

④防止儿童间相互传染，托幼儿童和学龄儿童患者要隔离至症状消失后一周才能复课。学校和托幼机构中出现患者，应按照要求进行隔离，并使用有效氯消毒液进行消毒。

⑤肠病毒 71 型（EV71）是引起儿童重症手足口病的主要病原，目前，半岁至 5 周岁儿童可通过接种手足口病疫苗（EV71 灭活疫苗）进行预防，降低儿童重症手足口病的发病风险。

5. 流行性脑脊髓膜炎

（1）病因。流行性脑脊髓膜炎，简称流脑，俗称脑膜炎，是脑膜炎双球菌引起的急性传染病。多发于冬春季，男女老幼都可得病，其中，儿童为多。在流脑好发的季节里，要注意积极预防。早期发热，随后头疼，继而呕吐，这三大症状被医学界称为"流脑信号"。如不及时治疗，危险性很大。因此，要注意保护易感儿童，早发现早时隔离治疗。

（2）症状。"流脑"是经呼吸道传播的一种化脓型脑膜炎。"流脑"一般表现为突然高热、剧烈头痛、频繁呕吐、精神不振、颈项强直等症状，重者可出现昏迷、抽搐，如不及时抢救可危及生命。春季由于天气冷暖不定，发病率占全年的60%左右，15岁以下的少年儿童为高发人群。

根据病情，"流脑"分为普通型和暴发型，后者尤其值得重视。暴发型流脑起病急骤，病情进展迅速，往往在24个小时甚至6个小时内就可出现严重的休克和呼吸衰竭，病死率极高。因此，在"流脑"高发季节，若病人出现类似上呼吸道感染的症状，或有突发高热、身上发现出血点、头痛、喷射性呕吐、嗜睡、烦躁不安等情况，要立即到正规医院抢救治疗，不得延误病情。

（3）预防。通过对传染源的隔离来预防"流脑"比较困难，最有效的办法是接种疫苗，我国已对儿童预防接种多年，保护率可达90%以上。专家提醒人们特别是家长们，不要忘记给自己和孩子接种"流脑"疫苗。

6. 猩红热

（1）病因。猩红热又名烂喉痧，是由一种乙型溶血性链球菌引起的小儿常见急性呼吸道传染病。任何年龄均可患病，但2~8岁的幼儿最容易被感染。主要通过空气、飞沫传播。幼儿园、学校等人群密集之处可发生流行；冬春季节由于气候寒冷，室内活动较多，若不经常通风，发病较多。也有少数是通过皮肤创伤或产道侵入，引起"外科型"或"产科型"猩红热。

（2）症状。此病潜伏期一般在2~4天，病人起病急骤，初起怕冷，发烧38~40℃。

①局部表现：病菌进入体内后，首先落脚于咽部，引起咽炎及扁桃体炎。咽部出现充血发红，扁桃体红肿，有时上面有脓性分泌物，称化脓性扁桃体炎。病变可蔓延到邻近淋巴结，导致颈部及颌下淋巴结肿大、疼痛，可有压痛，称为急性淋巴结炎。如淋巴结炎再扩展，可累及周围组织也发生红肿，称为蜂窝组织

炎。有时可化脓形成脓肿。

②全身症状：是由菌血症和毒血症引起的。可有发热、呕吐、腹痛等表现。在发病后 24 小时内可出现皮疹，典型皮疹呈弥漫性细小点状，稍隆起，触摸有粗糙感，似鸡皮疙瘩，色鲜红，手指压后红色暂退，松手后出现苍白指印，很快又恢复原色。皮疹在受压部位及易摩擦的皱褶处，如腹股沟部、束腰带处更明显，密集呈红色线条状。病人还感到皮肤发痒。皮疹多在 3～4 天消退后，不留色素沉着，但可见脱屑及脱皮。

③特征性表现：面部无皮疹、只有红晕，因在口周不出现使口周相对苍白，显示"口周苍白圈"。病初舌面尚有特殊表现：舌苔灰白、边缘充血红肿。伸出舌头一看，好像杨梅，又称"杨梅舌"。

④并发症：猩红热可并发中毒性肾炎和和中毒性心肌炎，还可发生变态反应性病变。发生过猩红热疾病的小儿还有可能感染第二次、第三次。

（3）预防。

①幼儿园发生流行时，认真做好晨、午检工作，早期发现可疑者。对患病的幼儿应马上进行隔离治疗，一般治疗 7 天后方可解除隔离，以免传染给别的幼儿。无论是幼儿还是大人，只要与猩红热患者有过密切接触，都应在医生的指导下赶快服药预防，如服用复方新诺明片、注射青霉素等，尤其是曾经患过肾炎或风湿热的幼儿。

②流行季节，虽然天气很冷，室内也要做到通风换气，每日至少 2 次，每次 15 分钟。儿童要加强体育锻炼，多做户外活动，不断提高自身的抗病能力。

③幼儿患了猩红热，必须及早使用抗生素治疗，早期注射足够的青霉素，可以缩短病程，加快病愈。目前，由于青霉素的广泛使用，患病后症状较轻的幼儿已明显增多，一般在注射青霉素

1~2天后，皮疹即可消退，体温也逐渐下降。但不可随意停药，需要听从医生的嘱咐继续用药1周，直到症状完全消失、咽部红肿消退才可停药，切不可当成普通的感冒。否则，体内的溶血性链球菌并未完全消灭掉，会引起很多严重的并发症。

7. 其他感染性腹泻

（1）病因。其他感染性腹泻是指除霍乱、细菌性和阿米巴性痢疾、伤寒和副伤寒以外的感染性腹泻，为《中华人民共和国传染病防治法》中规定的丙类传染病。这组疾病可由病毒、细菌、真菌、原虫等多种病原体引起，其流行面广，发病率高，易引起暴发和流行，是危害身体健康的重要疾病。

（2）流行特点。一年四季均可发病，一般夏秋季多发，有不洁饮食或与腹泻病人、腹泻动物、带菌动物接触史，或有去不发达地区旅游史。如为食物源性则常为集体发病及有共进可疑食物史。某些沙门氏菌（如鼠伤寒沙门氏菌等）、肠致病性大肠杆菌（EPEC）、诺如病毒、轮状病毒和柯萨奇病毒等感染可在医院产房婴儿室、儿科病房、托幼机构发生暴发或流行。

（3）临床表现。主要症状是腹泻，大便每日≥3次，粪便的性状异常，可为稀便、水样便、亦可为黏液便、脓血便，可伴有恶心、呕吐、食欲缺乏、发热及全身不适等。病情严重者，因大量丢失水分引起脱水、电解质紊乱甚至休克。

（4）预防。肠道传染病主要经消化道传播，把好病从口入关，养成良好的卫生习惯，是做好预防工作的关键。

①积极开展幼儿爱国卫生运动，加强对粪便、垃圾和污水的卫生管理。

②讲究卫生，养成饭前便后洗手的习惯。常剪指甲、勤换衣服。

③食堂和家庭采购食品要严格把好质量关，切不可为贪便宜而购买变质的禽、蛋、肉和水产品。

④不喝生水，菜要烧熟煮透，吃剩的菜放在冰箱里过夜，食用时应重新回锅加热。

⑤购买易生虫的蔬菜应注意鲜嫩无虫眼，留意是否使用了农药，摘去黄叶后应用水浸泡半小时以上，中间换水2~3次，然后再烹调。

⑥贮存食品或加工食品时，都应该生熟分开。

四、极强婴幼儿传染病的预防工作

处在幼儿期的孩子们免疫能力都比较差，所以幼儿园卫生保健工作中传染病的预防是一个重点工作，是保证幼儿健康成长的重要环节。主要做好以下几点。

1. 严格执行晨检制度

对传染病患者必须早期发现和早期诊断，早期发现传染源是预防传染病传播的重要措施。对患病幼儿或疑似病儿要早期隔离和早期治疗，对接触者进行检疫和其他预防措施。要教育家长不要把患传染病的幼儿带到如幼儿园等公共场所去。这是控制传染源的有效措施。

2. 做好日常消毒工作，有效切断传染源

根据不同类型的传染病制定不同的消毒方案，如对肠道传染病，着重管理饮食、管理粪便、保护水源、除四害、用具消毒、个人卫生等措施。对呼吸道传染病，在公共场所必须保持空气流通，必要与可能时进行空气消毒，通常则戴口罩为简便易行的预防措施。

3. 严抓计划免疫工作，保护易感幼儿

除了做好程序免疫外，在传染病流行前针对性做好一些预防接种。使易感者在传染病流行时已产生足够的免疫力。在流行病流行季节给予服用中草药、冲剂以增强对传染病的抗病能力。夏天特别注意饮食卫生，防止病从口入，秋冬季节呼吸道传染病流行期告诉家长少带幼儿到公共场所、出门戴口罩等预防呼吸道传染病的发生。还应根据幼儿年龄特点，安排适当的锻炼和活动，特别是户外活动，增强体质和抗病能力。注意劳逸结合，注意幼儿的饮食卫生和营养素的供应，预防贫血及佝偻病的发生。总之，在一个幼儿园的日常工作中，幼儿的保健工作无小事，作为保健工作者，一定要有细心、爱心和耐心，还要勤观察多思考，才能确保有一个良好的育人环境。

第五节　婴幼儿的安全知识教育

幼儿身体的各个器官，系统尚处于不断发育的过程中，其机体组织比较柔嫩，发育不够完善，机体易受损伤，易感染各种疾病。同时，幼儿的认知水平较低，缺乏自我保护意识，不知道哪些事能做，哪些事不能做，且他们又活泼好动，因此，极易发生意外伤害事故。所以，对幼儿进行初步的安全知识教育和安全自救技能培养极为重要。

对幼儿进行安全教育，必须根据幼儿的身心发展水平和特点来进行。在教育方法上，教师可采取示范与讲解相结合以及游戏的方式，注意正面引导和随机教育，把安全教育落到实处。

对幼儿进行的安全教育，大致包括以下几个方面。

一、交通安全教育

据有关部门统计，全国交通事故平均每 50 秒发生宁夏蒙特梭利一起，平均每 2 分 40 秒就会有一个人丧生于车祸。更让人痛心的是，因交通事故死亡的少年儿童占全年交通事故死亡的10%，且有呈逐年上升的趋势。因此，对幼儿进行交通安全教育不容忽视。交通安全教育主要包括以下几个方面。

（1）了解基本的交通，规则，如"红灯停，绿灯行"，行人走行人道，行走时手不插在衣兜里；学会靠右行走，不猛跑，上街走路靠右行，不要翻越道路中央的安全护栏和隔离墩，不要马路上踢球、玩滑板车、奔跑、做游戏，不横穿马路等。

（2）乘坐车辆时，要系好安全带。行驶中，不要将头、手、身体伸出窗外。

（3）认识交通标记，如红绿灯、人行横道线等，并且知道这些交通标记的意义和作用。

（4）打雨伞时，千万不要让雨伞挡住了视线，要注意看着前方行走，要穿颜色鲜艳的衣服或帽子鞋子，引起驾驶员的注意。

（5）大人骑电动车带你时，如果你坐在车后座，一定要记住：两只脚不要离车圈太近。否则，你的脚可能会被卷进车轮，受到伤害。如果你坐在车前，注意千万不要放在车闸附近，防止大人捏闸时伤到你。

（6）其他交通行为注意事项。

①不准在车道上等车或招呼出租车，必须在站台或指定地点依次等车。等车停稳后，应让车上的人先下来再上车。另外，乘坐地铁或火车时，在月台上等地铁时，应站在黄色安全线外等待。

②在车站等车时，一定要排队，看见汽车即将进站时，千万不要随人流拥挤，因为你还是个孩子，和大人的力量比起来相对较弱，最好先离开汽车一段距离，等汽车停稳后再上。如果人多拥挤，就等别人上完后再上，或者等下一班车，以免被挤伤。

③看到公共汽车已经启动时，千万不要追着车跑，更不要扒车，或挡在车前，这样做很容易被开动的公共汽车带倒或撞倒。

④在车边等待上车时，千万注意，手不要放在车门附近，以免车突然开动时，被车门夹伤。不要倚靠车窗或车门。

二、消防安全教育

对幼儿进行消防安全教育，主要包括：要让幼儿懂得玩火的危险性。让幼儿掌握简单的自救技能。如教育幼儿一旦发生火灾要马上逃离火灾现场，并及时告诉附近的成人。当发生火灾，自己被烟雾包围时，要用防烟口罩或干、湿毛巾捂住口鼻，并立即趴在地上，在烟雾下面匍匐前进。火警电话 119，急救电话 120，报警电话 110。

三、食品卫生安全教育

幼儿大多爱吃零食，也喜欢将各种东西放入口中，因而容易引发食物中毒。幼儿园除了要把好食品幼儿园采购、储藏、烹饪等方面的卫生关外，还必须教育幼儿以下注意事项。

（1）不吃腐烂的、有异味的食物。幼儿在幼儿园误食有毒有害物质的情况更是多种多样，如园内投放的各种花花绿绿的毒鼠药，因教职工工作失误而误放在饮料瓶中的消毒药水等，都可能被幼儿误食。因此，教职工在平时要教育幼儿不随便捡食和饮用不明物质。

（2）由于吃果冻而卡住气管造成孩子窒息死亡的案例特别多。

（3）在日常生活中，幼儿很喜欢把一些小硬片、碎纸等东西放入口中，另外，目前 孩子服用的药大多外观漂亮，口感好，深受孩子"喜欢"，有的孩子甚至把药品当零食吃，因此，要教育孩子不能随便吃药，一旦要服药，一定要按医生的吩咐在成人的指导下服用。

（4）饮食安全教育的另一方面是饮食习惯的培养。如教育孩子在进食热汤或喝开水进必须先吹一吹，以免烫伤。

（5）吃鱼时，要把鱼刺挑干净，以免鱼刺卡在喉咙里；进食时不嬉笑打闹，以免食物进入气管等。

四、防触电，防溺水教育

触电是日常生活中比较常见的意外伤害，少年儿童因触电而死亡人数占儿童意外死亡总人数人10.6%。对幼儿进行预防触电教育，其注意事项如下。

（1）不能随便玩电器，不拉电线，不用剪刀剪电线，不用小刀刻画电线，不将铁丝等插到电源插座里等。

（2）一旦发生触电事故，不能用手去拉触电的孩子，而应及时切断电源，或者用干燥的竹竿等不导电的东西挑开电线。

（3）溺水在少年儿童意外死亡中所占比例最大的。对幼儿进行防溺水教育，一定要告诉幼儿不能私自到河边玩耍。

（4）游泳或嬉水时不能将脸闷入水中；不能私自到河里游泳；当同伴失足落水时，要及时向附近的大人来抢救。千万不可自己去救人。

五、幼儿园玩具安全教育

游戏是孩子的天性，玩具是孩子的最爱。幼儿在园的一日生活与活动中，几乎有一半时间是在和玩具打交道。因此，对幼儿进行玩具安全教育十分重要。

（1）不要将火柴、打火机当做玩具，也不要烧东西玩。幼儿玩不同的玩具，应有不同的安全要求。

（2）如玩大型玩具滑梯时，要教育幼儿不拥挤，前面的幼儿还没滑到底及离开时，后面的孩子不能往下滑；玩秋千架时，要注意坐稳，双手拉紧两边的秋千绳；玩跷跷板时，除了要坐稳外，还要双手抓紧扶手。

（3）玩中型玩具游戏棍时，不得用棍去打其他幼儿的身体，特别是头部；玩小型玩具玻璃球时，不能将它放入口、耳、鼻中，以免造成伤害等。

六、幼儿生活安全教育

幼儿生活的安全教育，必须家园配合同步进行。

（1）不随身携带锐利的器具，如小剪刀等。在运动和游戏时要有秩序，不拥挤推撞；在没有成人看护时，不能从高处往下跳或从低处往上蹦。

（2）不爬树、爬墙、爬窗台。千万不要攀爬高墙或栅栏等，因为你还小，攀登到高处时，很容易摔下来受伤。另外，许多栅栏的顶端多是尖锐的铁刺或碎玻璃，当你攀爬时，稍有不慎，就会被刺伤。

（3）不从楼梯扶手往下滑。推门时要推门框，不推玻璃，手不能放在门缝里。乘车时不在车上来回走动，手和头不伸出窗外。

（4）上下楼梯要靠右边走，不推挤。

（5）不轻信陌生人的话，未经允许不跟陌生人走。在家中，要告诉幼儿，当他独自在家，有陌生人叫门时，不随便开门。

（6）不随意开启家中电器，特别是电熨斗、电取暖器等；不玩弄电线与插座。

（7）不独自玩烟花爆竹；不要在家中、阳台、楼道里玩火、放烟花爆竹，如果看到有人这么做，要制止他。

（8）不逗弄蛇、蜈蚣、蝎子、黄蜂、毛毛虫、狗等动物；打雷闪电时不站在大树底下。

（9）摸过宠物或和宠物玩耍、喂食后，应立即洗手。

（10）如果你身上有伤口，就不要过于亲密接触宠物，以防伤口感染。在生活中应与宠物保持一段距离，尤其不要同床而睡。

（11）一旦被宠物抓伤或咬伤，必须立即告诉爸爸妈妈，让他们带你去医院注射狂犬疫苗。

（12）拧动天然气、煤气罐或煤气灶的开关都是大人的事情，你还 小，控制不了火候，所以不应乱动。当电风扇开动时，绝对不可以将手指伸进防护网内。否则，飞速旋转的叶片会将你的手指削伤。使用电动卷笔刀削铅笔时，千万不要伸手去摸锋利的刀片以免割伤手指。

（13）洗衣机在洗衣服时，千万不要把手伸进洗衣桶内。否则，你的手可能会和衣物绞在一起。其他像热水器、电熨斗它们工作时都不能随便去碰，以免烫伤自己。

（14）睡眠：睡前要洗脸、洗脚、漱口；不能含着东西睡觉，不把杂物带到床上玩。

（15）防火、防烫伤。不在火源附近玩耍；不玩火柴、打火机和蜡烛；衣服着火时迅速浇水并快速脱衣服；烫伤后迅速用凉水冲或浸泡患处；知道119火警电话。

（16）防拐骗。知道自己及父母的姓名、家庭住址、电话号码；不接受陌生人的玩具、食品，不跟陌生人走；遇险时，呼救或拨打报警电话110。

（17）防异物吸入。不将别针、硬币、小玻璃球、纽扣、黄豆等放入口、鼻、耳中；不将气球的碎片放入口中倒吸气。

（18）药物。学会辨认药物和一些容易与饮料混淆的有害物品，乱吃药；知道120急救电话 。

（19）防触电。幼儿不接触电插头、插座等，不在靠近电源的地方玩耍；知道高压电的标志，并远离它们。

（20）开、关门。不在门边玩，不把手放在门缝处。

第三章　保育员卫生管理

清洁卫生消毒工作是减少疾病发生和防止传染病传染的有效措施。清洁就是清洗保洁各种物体，而消毒则是除去或消灭机体以外的各种物体上的病原体（细菌、病毒）。

第一节　室内清洁

一、常用物品消毒

托幼机构常使用的清洁卫生消毒主要包括，常用物品清洁消毒、物体表面清洁消毒、空气清洁消毒、手清洁消毒、垃圾及排泄物处理。

1. 毛巾

在集体生活中，毛巾卫生不好是导致传染疾病流行的途径之一，如传染沙眼、流感等病毒。

要求毛巾分为擦手毛巾、餐巾。擦手毛巾在幼儿园中必须是一人一巾，可每天清洗消毒 1 次。

先用肥皂水浸泡搓洗，然后用开水烫洗干净再消毒；如果是蒸煮消毒，一定要让水浸没毛巾，在开水中蒸煮 15～20 分钟；如果当天不清洗，等幼儿用后可放在阳光下暴晒。有消毒柜的也可放消毒柜消毒，但要防止毛巾被烤煳，也可将毛巾放在含氯消毒液中浸泡 10～20 分钟，浓度为每升水中含有效氯 250mg。

幼儿园擦手毛巾要有专用毛巾架，两巾距离间隔 10cm，上、下、左、右不能碰叠在一起。毛巾最好不要贴墙挂，一是不易受到光照；二是不卫生，容易滋生细菌。若因房屋面积小，只能贴墙挂，必须与墙间隔 10～15cm。

2. 茶杯

如果用茶杯喝牛奶或豆浆，必须在吃完后立即清洗消毒，或者备两套茶杯替换。当幼儿用完茶杯后由保育员统一清洗。

清洗时，可用肥皂水清洗后冲洗干净，甩干水滴后放入消毒柜消毒 30 分钟。若没有消毒柜，可送去蒸煮消毒，蒸煮消毒时，水一定要浸没茶杯，等水开后煮沸 15～20 分钟。

消毒柜方便快捷，用后可立即清洗消毒，只要一套茶杯即可，而蒸煮消毒较慢。茶杯消毒后要等冷却后再放入茶杯箱。

3. 餐具

餐具要求在伙房清洗消毒，要求食堂有专用洗碗池，一去渣、二清洗、三消毒、四保洁、五输送。不得将餐具倒在班上洗手池里洗。

洗碗时先用碱水或洗涤剂将油腻洗净，再用清水冲洗 2 遍。洗好的餐具放在专用容器内，用消毒柜消毒，或蒸气消毒，或煮沸消毒后使用。采用煮沸法消毒时，将洗净的餐具全部浸没于清水中，如果是少量碗、碟、盘，可平放于锅内；如果餐具较多，最好把盘、碗等竖直放置、使其之间留有空隙，以增强消毒效果，一般情况下，水开后 15 分钟即可。

对不能用热力消毒的食具，可用含氯消毒液浸泡，但消毒后要用清水冲洗氯残余。有些幼儿园班内不洗碗，但洗筷子或小匙，也要按以上要求清洗消毒，用专用筷子套或小匙的布袋也要一并消毒。装点心的盘子、端饭的盘子或给小幼儿喂饭的托盘，每日使用后清洗干净，用消毒柜消毒或用消毒液清洗浸泡。

4. 毛巾架

幼儿园擦手毛巾要有专用毛巾架，上面贴有标志，两巾距离间隔10cm，上、下、左、右不能碰叠在一起。毛巾架每日用清水擦去浮灰，每周用消毒液擦洗一遍。

5. 茶杯箱（橱）

幼儿茶杯存放要有专用茶杯箱（橱），上面贴有标志，对模糊不清或发黄、剥脱的标志要及时更换，标志图案要相对固定，不要老是更换。

茶杯箱每周清洗消毒一遍，每天用清水抹一遍。茶杯箱最好不要固定在墙壁里，那样不容易清洗消毒。茶杯箱的布帘每周清洗1次。茶杯数要比实际人数多1~2个以供幼儿备用。

6. 保温桶

保温桶是每天用来给幼儿盛开水的。每天晨间打扫，保育员将保温桶四周及盖子、壶嘴用清水擦洗一遍，一般每周清洗消毒1次。

清洗桶内的内胆，先用肥皂水清洗一遍，然后冲洗干净，再用消毒液浸泡10分钟。对保温桶上的热水龙头要有安全保护，以防烫伤的发生。夏天注意水温不要过烫，冬天注意保暖。传染病流行季节每天消毒。

7. 玩具、图书

玩具是托幼机构必备的物品，也是幼儿接触最多的物品，但玩具很容易被病原微生物所污染，在幼儿园，玩具的污染程度比衣服、被褥、餐具等更为严重，尤其是小幼儿喜欢将玩具放入口中，如果清洁消毒不严，很容易传染疾病。

玩具的清洗消毒一般每周1次，对于耐水的玩具，可用洗涤剂加入到热水中来清洗玩具，对于缝隙处还要用刷子刷洗，最后用清水将洗涤剂冲洗干净后放在阳光下晒2小时。

对不怕高温或不变形的玩具可清洗干净后放入清毒柜消毒，如毛绒玩具、布玩具等。消毒液的腐蚀性较大，浸泡玩具容易脱色，所以，对铁制玩具、木头玩具可用酒精或消毒液擦拭，或通过日光消毒。

玩具柜每天用清水擦洗一遍，每周用消毒液擦拭 1～2 遍，装玩具的塑料筐等每周用消毒液浸泡消毒 10 分钟。

室外大型玩具通过日光照射消毒，但要定期冲洗。对幼儿使用的美工剪刀、尺子等，每周放消毒柜消毒，或用酒精或消毒液擦拭。

图书的消毒：每周应将图书、画报在阳光下暴晒 4～6 小时，可以杀灭大多数微生物，暴晒时要注意经常翻动，也可以用紫外线等照射消毒，但要求近距离。对污染破损的玩具、图书可及时更换。

8. 被褥

被褥用品是幼儿每日生活的必需品，幼儿每人一床一垫一被一枕。幼儿用的垫被和盖被可每两周日晒 1 次，每次晒 2～4 小时。

幼儿床要摆放整齐，注意间隔距离（40～50cm），防止呼吸道疾病的传染，若卧室不大，床挤靠较紧，可让幼儿头对脚睡。

卧室中要留有走道，一般 50cm，便于老师巡视照顾。床单要定期清洗，连同被罩、枕套等每半月换洗 1 次。发生传染病时，可拆洗部分应先用消毒液消毒后再清洗。

9. 席子

夏天每天睡眠前用热水抹一遍，每周用消毒液擦洗一遍。

10. 痰盂

每次用后要冲洗。有消化道疾病发生时，痰盂每次用后要浸泡，不提倡共用坐便器，如使用必须用 1 次消毒 1 次。

消毒痰盂的消毒液要每日更换，浸泡痰盂的桶要大一些，以消毒液浸满痰盂为好。一般采用有效氯 500mg/L 浸泡 20 分钟。

11. 抹布、拖把

清水抹布和消毒液抹布要分开使用，随时搓洗晾干。抹布必须专用，每次用后用肥皂洗净，煮沸 30 分钟可以较为彻底的杀灭微生物。传染病流行季节，抹布使用前后均需用消毒液浸泡消毒。

拖把每班要有干、湿 2 种拖把，使用后用清水冲洗干净晾在户外日晒消毒。传染病流行期间用消毒液拖地，拖把每日用消毒液浸泡 30 分钟。

12. 垃圾处理

园内每班有加盖垃圾桶，每日倾倒 1~2 次，园内有收集垃圾的桶和箱，垃圾桶要保持清洁。

13. 空调、电扇、取暖器、录音机

不用时要用布罩起来，使用时每周擦拭一遍，但要注意安全，擦拭电器必须在断电的情况下进行。

14. 水果的消毒

吃水果前应清洗消毒，其方法有 2 种：一是用水洗净水果后，用刀削皮，将水果凹陷部分挖掉后再食用；二是将水果洗净后至于高锰酸钾消毒液中浸泡，注意消毒液应浸没水果，20 分钟后取出，用清水冲洗后食用。

二、物体表面清洁消毒

1. 桌椅

抹桌时准备 2 只小塑料桶，直径 15~20cm，一只装清水，另一只装消毒液，椅子每天用清水抹一遍，每周用消毒液擦一遍。

传染病流行期间桌椅每日用清水抹后再用消毒液抹一遍，然后再用清水抹一遍。桌子在进餐前由保育员负责消毒，先用清水抹一遍，再用消毒液抹，最后用清水抹一遍。

擦桌面时要讲究方法：可将抹布对折一下，一块抹布不能一抹到底，每抹一张桌子，抹布要搓一下。不能一擦到底，也有规律的横擦后再有规律的竖擦，不能乱擦，以免局部被遗忘掉。

2. 纱门纱窗、窗帘

每周用清水擦洗 1 次，窗帘每季度清洗 1 次。

3. 楼梯扶手、窗台、门把手

每日早晨打扫时用清水抹一遍，传染病流行时再用消毒液抹一遍。

4. 地面

活动室每日早、中、晚各拖一遍，卧室、走廊、楼梯每日拖一遍，盥洗室根据情况随时拖。拖把使用后要摆放在不影响幼儿洗手上厕所的地方。洗拖把要有专用水池，不要和洗毛巾、餐巾、茶杯、玩具等的共用 1 个水池。

5. 厕所

对于 3 岁以上的幼儿要采用蹲式厕所，男幼儿有小便池。厕所每天早晚各用消毒液冲洗清刷一遍，大小便后流水随时冲洗，保证瓷砖上无黄垢、无尿迹、无异味。

6. 洗手池

每日用碱水或肥皂水刷洗，上下午各一遍，保证池内无油腻、无脏垢、无黄水迹，水龙头随时关好。

三、空气清洁消毒

1. 活动室

每日开窗通风，使用空调时每日开窗 2～3 次，每次 20 分钟，是控制呼吸道疾病流行或传染病发生的有效措施。

在一般情况下，每周用消毒灯进行空气消毒 1 次。在传染病流行季节需每天消毒一次。关好门窗，用消毒灯消毒 30 分钟；也可用消毒液喷雾，1 小时后用清水擦洗窗台、门把手、家具等。

2. 卧室

卧室每日采取空气流通、开窗通风，冬季可以每天上下午各开窗 10～20 分钟。在传染病或呼吸道疾病流行期间，可每天用消毒灯消毒 1 次。

3. 集体聚集场所

一般指幼儿园内的多功能室、科发室、图书室、电脑室、美工室、音体室等，这些场所往往容易被忽视。

每日应做好湿抹湿拖，并安排流动的消毒灯每周做空气消毒。如在呼吸道疾病或传染病流行期间，物体表面每日用消毒液抹洗一遍，并减少幼儿聚集的机会。

4. 手清洁消毒

凡是大便后、进餐前、户外活动后、体育、美术、手工课后均需要提醒并指导幼儿用肥皂、流水洗手，双手擦肥皂后相互揉搓。注意指甲缝、手指缝、手腕处，揉搓时间一般在 15 秒左右，然后在自来水下冲洗干净。

四、发生一般传染病消毒时的卫生消毒

（1）发生传染病班级要挂标示牌，尽量避免与其他班级接触，有条件的幼儿园可单独给发病班级设立走道、楼梯等。发生传染病班级不参加园内集体活动，包括晨间户外活动。

（2）发生传染病班级要做好空气消毒、开窗通风，每日用消毒灯消毒 30～60 分钟。

（3）传染病患儿的呕吐物、排泄物按消毒技术规范，在其中倒入 1/20 漂白粉消毒液搅拌后倒入厕所。

病儿便器：用清水冲洗干净后，放在 1/20 漂白粉的有效氯消毒液中浸泡 30 分钟。

（4）抹布、拖把分别在 500mg/L 有效氯消毒液中浸泡 30 分钟，每日 1～2 次。

（5）被褥清洗消毒。床垫、枕芯、棉褥应放阳光下晒 4 小时，无阳光时可用消毒灯照射 30 分钟消毒，床单、枕巾、被套、

枕套等耐热、耐湿的纺织品可煮沸消毒 20 分钟，或用流通蒸汽消毒 20 分钟。

（6）地面消毒。每日早晚采用湿拭清扫各 1 次，消除地面的污秽和部分病原微生物；每日用消毒液拖地消毒 1 次。通常采用含有效氯 3‰的消毒液拖地 30 分钟。

（7）墙面消毒。墙面在一般情况下污染情况轻于地面，通常不需要进行常规消毒。

当受到病原菌污染时，可采用化学消毒剂喷雾或擦洗。常用有效氯 1 000mg/L 的消毒剂溶液喷雾或擦洗处理，墙面消毒一般为 2.0 ~ 2.5m 高即可。喷雾量根据墙面结构不同而确定，以湿润不向下流水为好。

（8）桌、椅、玩具柜、水龙头、门把手等用品表面的消毒。一般情况下室内用品表面只进行日常的清洁卫生工作，用清洁的湿抹布，每日 2 次擦拭各种用品的表面，可除去大部分微生物。

化学消毒剂消毒：用含有效氯 500mg/L 的消毒剂溶剂，擦拭或喷洒室内各种物品表面。

玩具的消毒：传染病流行或发生时，每日进行 1 次消毒，要根据不同的玩具选用不同的消毒方式。

耐热的玩具：可在开水中煮沸 10 ~ 15 分钟。

塑料和橡胶玩具：可在有效氯含量为 500mg/L 的溶液中浸泡 15 ~ 30 分钟。

怕湿怕烫的玩具：可在烈日下曝晒 4 ~ 6 小时，借助太阳紫外线的照射，将细菌杀灭；用 75% 酒精擦拭。

（9）已出现传染病疫情的班级，餐具应单独清洗消毒，直至疫情结束方可参与园内餐具的清洗消毒，并指定食堂人员给疫情班送饭菜，送饭菜人员要更换工作服，消毒双手后再进入食堂。

第二节　日常卫生与消毒

一、清洁卫生消毒的目的

为保证入园儿童有一个健康的环境，可以有效地保证幼儿的健康成长。在日常情况下保证该场所的卫生质量，卫生消毒以及规章制度落实，适时进行清洁卫生和消毒措施。

二、清洁卫生消毒工作内容

清洁卫生消毒工作主要包括：日常清洁卫生工作，定期清洁卫生工作，消毒工作包括预防性消毒工作和传染病流行期间或发生时的疫源地消毒工作。

三、清洁卫生消毒的方法

1. 机械消毒法

其特点是幼儿园中操作简便，每天必用的方法，它能清洁除尘，排除或减少病原体，但不能杀灭病原体。如刷洗或利用水的机械作用清洗抹擦、肥皂洗手等方法。这种方法操作简便、经济实惠，适用于集体机构。

2. 物理消毒法

利用空气和日光，开窗使空气流通，可减少呼吸道疾病的传播。使一些不宜清洗消毒的玩具、图书、被褥等，可放在日光中曝晒，日光中的紫外线有强烈的杀菌作用。

3. 热力消毒法

适合于集体机构，是一种常用的、有效的消毒方法。大多数病原体可在 60~70℃温度内死亡。常用的热力消毒法有消毒柜、流通蒸汽、煮沸消毒等，尤其适合于餐具、茶具、毛巾等物品的消毒。

4. 化学消毒法

利用化学制品的消毒药，配制后使用，是杀死病原体的一种有效方法。如托幼机构常用的含氯消毒液、如次氯酸钠、过氧乙酸、漂白粉溶液等。适合于消毒物体表面如门窗、地面、厕所、家具、教玩具等擦洗。

5. 消毒灯消毒法

常见的为紫外线灯和臭氧消毒灯。但要注意照射面，避免产生死角，适用于房屋和物体表面。

四、清洁卫生常用消毒种类

1. 煮沸消毒

适用范围：适用于餐饮具、毛巾、餐巾、服装、床单等耐湿物品。

煮锅内的水应将物品全部淹没。水沸后开始计时，持续煮沸15~20分钟。计时后不得再新加入物品，否则，持续加热时间应从重新加入物品再次煮沸时算起。

2. 流通蒸汽消毒

适用范围：适用餐饮具及餐桶、菜盆等。

流通蒸汽法是利用100℃水蒸气进行消毒。最简单的方法是蒸饭箱，常用流通蒸汽消毒设备有蒸汽消毒柜，蒸汽消毒车，可以按其使用说明书进行操作。消毒时间应在水沸腾并冒出蒸汽后开始计算；餐具应垂直放置，并有空隙，防止空气留存在死腔内；大量物品勿用铁盆盛装，最好使用漏孔金属筐；包装不易过紧；能吸收大量水的衣物不要浸湿放入，否则，妨碍空气的置换；在消毒时注意排除消毒柜内的冷空气。

3. 消毒柜消毒

按照产品使用说明书规定的方法进行消毒处理。但消毒柜分为高温型和紫外腺臭氧型、消毒餐具必须为高温型。易烤焦物品不易放入高温型消毒柜。

4. 消毒剂消毒

适用范围：用于织物、耐湿物品、玩教具等的消毒。

消毒剂溶液应将物品全部浸没。对腔管类物品，应使管腔内也充满消毒剂溶液。作用至规定时间后，取出用清水冲净，晾干。根据消毒剂溶液的稳定程度和物品污染情况，及时更换所用溶液。常用于消毒便具、玩具、家具等。

5. 消毒剂溶液擦拭、喷洒消毒

适用范围：用于家具、门把手、水龙头等物体表面以及地面、墙面等的消毒。

擦拭消毒时，用布浸以消毒剂使用浓度的溶液，依次往返擦拭被消毒物品表面。必要时，在作用至规定时间后，用清水擦洗干净以减轻可能引起的腐蚀作用。

喷洒消毒时，用消毒剂使用浓度的溶液直接喷洒被消毒物品表面。

6、消毒剂溶液喷雾消毒法

适用范围：用于室内空气、人体呼吸道、居室表面和家具表面的消毒。

用普通喷雾器进行消毒剂溶液喷雾，以使物品表面全部润湿为度，作用至规定时间。喷雾顺序，先上后下，先左后右。喷雾改善呼吸道干燥时，需使用超声雾化器。但要注意易引起室内物品潮湿、腐蚀。

7. 紫外线消毒法适用范围及条件

适用范围：用于室内空气、物体表面的照射消毒。

紫外线辐射能量低，穿透力弱，仅能杀灭直接照射到的微生物，因此，消毒时必须使消毒部位充分暴露于紫外线。用紫外线消毒纸张、织物等表面粗糙的物体时，要适当延长照射时间，且两面均受到照射。紫外线消毒的适宜温度范围为 20～40℃，温度过高过低均会影响消毒效果，可适当延长消毒时间。用于空气消毒时，消毒环境的相对湿度低于 80% 为好，否则，应适当延长照射时间。用紫外线杀灭被有机物保护的微生物时，应加大照射剂量。空气的悬浮粒子也可影响消毒效果。

紫外线消毒灯的使用。

（1）注意事项。

①消毒使用的紫外线，其波长范围是 200～270nm，消毒用的紫外线光源必须能够产生辐射值达到国家标准的紫外线。用于消毒的紫外线灯的电压为 220V。

②紫外线灯使用过程中其辐射强度逐渐降低，故应定期测定消毒紫外线的强度，一旦降到要求的强度以下时，应及时更换。

③紫外线强度及消毒浓度检测：使用紫外线强度指示卡，在开灯后 5 分钟，将化学卡放于灯下 1m 处，照射 1 分钟后，按照说明色卡对比，一般新灯管不低于 $90\mu W/cm^2$ 为合格，旧灯管不低于 $70\mu W/cm^2$ 为合格。测试卡要注意避光保存。

（2）使用方法。

①物体表面消毒：照射方式，悬吊式或移动式紫外线灯消毒时，消毒有效区为灯管周围 1.5～2m。一般每 60～80m² 房屋空间，安装 30W 紫外腺灯管两支。照射时间根据灯管强度及所杀灭病原微生物而定，一般来说时间不得少于 30 分钟。高强度、低臭氧紫外线杀菌灯，有效距离内照射 30～60 分钟，对物品表面消毒效果可靠。

②室内空气消毒直接照射法：在室内无人条件下，可采取悬吊式或移动式紫外线灯直接照射的方式。采用室内悬吊式紫外线灯消毒时，室内安装紫外线消毒灯（30W 紫外线灯不少于 30 分钟）。

8. 臭氧消毒法

臭氧消毒分子式为 O_3，它是一种强氧化剂，具有杀菌迅速、消毒后无残留等优点，适用于蔬菜、水果消毒，但稳定性差，容易分解，只能立即生产立即使用。

市售的管式、板式和沿面放电式臭氧发生器、臭氧灯均可选用。消毒时间≥30 分钟。消毒时，房间应关闭门窗，人必须离开房间。关机后 30 分钟，待房间内闻不到臭氧气味时才可进入。

注意事项：

（1）在使用过程中，应保持消毒灯表面的清洁，每 1～2 周用酒精纱布或棉球擦拭 1 次，发现灯管表面有灰尘、油污时，应随时擦拭。

（2）用消毒灯消毒室内空气时，房间内应保持清洁干燥，减少尘埃和水雾，温度低于 20℃时或高于 40℃时，相对湿度大于 60% 时，应适当延长照射时间。

（3）用消毒灯消毒物品表面时，应使照射表面受到消毒灯的直接照射，且应达到足够的照射剂量。

（4）不得使消毒灯光源照射到人，以免引起眼睛皮肤损伤。

（5）消毒灯强度计至少一年标定 1 次。

第四章　保育员生活管理

第一节　健康观察

一、入园体检

国家规定，即将进入托幼园所生活的幼儿，在入园前必须进行全面的健康检查，来衡量该幼儿是否能过集体生活，并预防将某些传染病带入到托幼园所中。

1. 入园体检的目的

体检的目的是预防为主，一般来说有弱视，听力不佳或者发育迟缓等问题的时候，3 岁之前能够及时治疗效果最佳。所以，要重视成长阶段的每一次查体，以防患于未然。很多家长对儿童定期体检不以为然，他们认为预防接种要比体检重要得多。其实，体检和预防接种对孩子来说有同等重要的作用。只有及时发现孩子在生长发育过程中存在的问题，采取有效的措施，才能保证孩子的健康成长。

2. 入园体检的项目

入园体检常规的项目包括身高、体重、听力、视力筛查、心肺听诊、四肢脊柱检查、血常规、牙齿检查、寄生虫镜检等，还会了解幼儿是否有疾病史、过敏史、家族史、传染病史。

3. 入园体检的注意事项

（1）体检前一天宝宝要休息好，让宝宝保持最舒适和饱满的精神状态，饮食也要清淡。

（2）如果正在患病期间，则不能进行体检，可以等完全康复后再来体检。

（3）体检当日早晨宝宝无须空腹，抽血完毕后可以适当给孩子补充些温水和食物。

（4）对于情感比较脆弱细腻的宝宝，别忘了随身带一个他最喜欢的玩具，以缓解他的心理压力。

（5）给宝宝穿宽松舒适且方便穿脱的衣服，保证温度适中，切勿穿过紧的内衣。

4. 突发小状况的应对措施

一般来讲小孩子抽血的时候都会哭闹，有些准备和措施还是很有必要的。

（1）提前告知孩子会有点痛，但是很快就会过去，不能欺骗孩子，免得落差太大让孩子难以接受，扎针的痛和被欺骗的委屈，往往会让孩子哭闹得更加厉害。

（2）多准备一套裤子，孩子哭闹厉害时，尤其是年龄小的宝宝会有尿裤子的现象，避免宝宝不适可以及时更换。

（3）抽血前尽可能地不要让孩子接触那些哭闹反应厉害的宝宝，免得增加心理负担，导致更加难以配合。应该让孩子客观地接受，要是周围有表现好的小朋友，可以拿来适当做下榜样以鼓励孩子。因为，每个孩子都想当好宝宝。这毋庸置疑。

（4）对于哭闹厉害无法配合的宝宝，不要强制，建议抱起来宽慰或者到门口看看风景分散一下恐惧感，强制往往给孩子留下阴影，导致下一次更加难以合作。

（5）有的宝宝心里压抑，恐惧，但表现形式不一定是哭，有可能还很平静，这时妈妈们更不能忽略这类孩子的感受，适当地给孩子讲一个勇敢的故事，用妈妈的怀抱给他温暖和力量。

（6）抽血时宝宝往往控制不住会缩胳膊，妈妈一定要把宝宝的手臂控制牢固，免得乱动让针头误伤了宝宝。

二、入园晨检

晨检是幼儿园每天必须进行的一项严肃的保健工作（图4-1）。

图4-1 入园晨检

1. 晨检地点

幼儿晨检地点一般是学前教育机构的大门口。

2. 晨检要求

行见面礼结束，开始进行晨检；填写《幼儿入园离园登记表》中的入园相关栏目，异常情况须填写清楚，并通告相关老师。

3. 晨检内容

（1）摸摸孩子的额头有无发热现象，可疑者测量体温。

（2）看看孩子精神状态、面色等，咽部、皮肤有无皮疹及某些传染病的早期症状。

（3）问饮食、睡眠、大小便情况。了解孩子是否有肠胃不适、腹泻等症状。如果有孩带药来的，还需检查病历卡，了解病因，核对孩子的班级、姓名、服药时间和剂量，对所带来的药品贴上标签或用识别袋装好。

（4）检查孩子身体是否有异常，有无携带不安全的物品，发现问题迅速处理。

检查孩子身体是否有异常，如水痘、淋巴结肿大（腮腺炎）等；检查孩子的衣裤、口袋和小包中是否有小球、小珠子、玩具碎片、小刀、别针、硬币等不安全的物品；检查孩子是否携带了易发生意外事故的零食，如橡皮软糖、水果冻、花生米、硬糖、奶油蛋糕和开过封的食品等。

（5）不宜带来的一切物品，孩子已带来的，原则上能让家长带回家的尽量带回去，不能带回去的应收起。

（6）认真填写入园晨检登记表。晨检合格者，入园情况填写正常；身体不适带药儿童，填写带药及用药剂量，并在通告情况时进行说明。

（7）晨检结束，并将异常情况通告主班老师和保育员。

第二节　组织饮水

一、准备饮用水

（一）饮水设备的准备

1. 饮水机的准备

（1）清洗、消毒饮水机，擦拭机身。

饮水机应1~2个月进行一次清洗消毒。清洗饮水机的步骤如下。

①拔掉电源插头，取下水桶，打开饮水机后面的排污管口（一般为白色塑料材质的旋钮）排净余水。然后，再打开冷热水开关放水该环节中，最值得注意的是：立式饮水机的排污管口一般位于机子的后面，而台式的饮水机则位于机子的底部，要将台

式饮水机抱起来才能看到。

②逆时针旋转，取下"聪明座"（即饮水机内接触水桶的部分），用酒精棉仔细擦洗饮水机内胆和盖子的内外侧，为下一步消毒做准备。

③按照去污泡腾片或消毒剂的说明书配置消毒水（去污泡腾片和专用消毒剂可在超市购买），倒入饮水机，使消毒水充盈整个腔体。留置 10～15 分钟。

这一环节值得注意的是：假如没有去污泡腾片、消毒剂或消毒水的，可以烧一壶热开水，将热开水导入饮水机，同样也留置 10～15 分钟，高温消毒。

④打开饮水机的所有开关，包括排污管和饮水开关，排净消毒剂或开水。为确保消毒剂被排出干净，尽量用开水或纯净水反复冲洗几次。

⑤冲洗几次后，把饮水机向后侧倾斜，排出清洗过程中不慎滴入的液体，并用干抹布擦拭机身外侧和后背。

⑥饮水机清洗完后，还可能有微量的消毒剂残留，不能马上饮用，应该先放水，直到排出的水没有异味才能放心饮用。

（2）检查水桶有无破裂或异常，查看日期，拆封后的桶装水应在 10 日内饮用完；打开冷热水嘴，检查出水是否流畅；通电，检查电源有无异常，测试水温。

2. 保温水桶的准备

（1）清洗、消毒水桶及水嘴，擦拭桶身，检查保温桶身、水嘴，查看有无异常，确保出水流畅。清洗消毒方法如下。

①用专用清洗剂及清洁刷进行清洗，特别注意桶底、边缘及水嘴的清洁，之后用流动水反复冲洗干净。建议每天清洗内胆 1 次，并将保温桶四周及盖子、桶的壶嘴用消毒液及清水各擦洗一遍。

②每周消毒 1 次，可使用次氯酸钠类消毒剂消毒，使用浓度

为有效氯 250mg/L，浸泡消毒 5 分钟后用流动水冲洗干净。

③保温桶用时久了经常出现水垢，可放置适量的醋水浸泡24 小时，轻刷掉并冲洗干净即可。

（2）将凉开水与热水兑好的温水倒入保温桶，测试水温。加盖，扣好安全锁。

3. 直饮水机的准备

（1）清洗、消毒直饮水机，擦拭机身，通电，检查电源、显示温度有无异常。

（2）打开水嘴，查看水嘴出水是否流畅，测试水温。

4. 水壶的准备

（1）清洗、消毒水壶及水嘴。

（2）将凉开水与热水对好的温水倒入水壶，测试水温。

（二）口杯的准备

1. 口杯的清洗消毒

（1）水杯必须每人一杯，专人专用，每日清洗消毒，用水杯喝豆浆、牛奶等易附着于杯壁的饮品后，应马上清洗消毒。

（2）清洗方法。先用清洁剂及杯刷将口杯按照由里往外的顺序清洗并冲洗干净后，使用次氯酸钠类消毒剂消毒，使用质量浓度为有效氯 250mg/L，浸泡消毒 5 分钟后用流动水冲洗干净，放入符合国家标准规定的消毒柜中，按照说明书进行消毒。

2. 杯橱的清洁消毒

杯橱应每天清洁消毒，采用表面擦拭的方式进行消毒，使用次氯酸钠类消毒剂，使用质量浓度为有效氯 100～250mg/L，喷洒后停留 10 分钟，再用清水抹布擦净，或使用浸有消毒水的抹布擦拭，停留 10 分钟后清水抹布擦净，注意每个口杯放置处、橱门死角处的清洁。

3. 口杯的摆放

将洗净、消毒好的口杯拿出对照标志放入对应的位置，杯把朝外，注意杯口不要接触柜壁，放置好口杯后及时关闭柜门以防落尘（图4-2）。

图4-2 摆放整齐的口杯

（三）饮用水的准备

1. 饮用水的水质要求

幼儿园饮用水要求水质符合国家饮用水标准。幼儿园安排专人对饮水设施及饮用水进行管理，做到专人专管、定期清洗、消毒。经常检查饮水设施内外部的卫生和水质情况，及时清除污垢，保证饮用水的干净和卫生。使用的饮水设施和桶装水应有有效的食品卫生许可证或涉水产品卫生许可批件。桶装水不宜放置在阳光直射的地方，拆封后的桶装水应在10日以内饮用完。

2. 水温的控制

一般最适宜的饮用水温度为40℃，但根据气温的不同，水温可稍作调整，冬季可以保持在40℃左右，夏季可比室温稍高一点。组织幼儿喝水前教师可以采取试喝，或用手腕内侧试一下水温的方式，以免出现水温过热或过凉。

3. 自制饮用水的标准

自然冷却后的白开水是最适合幼儿的饮品，在炎热的夏季或干燥的秋季，也可自制一些保健类饮用营养水。在幼儿园配置饮用水，需以幼儿园为单位，在保健大夫的指导下进行，切勿自行配置。

自制饮用水材料一定使用由正规途径购买的在保质期内的新鲜原料，制作时必须煮沸。自制饮用水最好使用水壶盛放，要将水冷却到40℃左右再给幼儿饮用。幼儿脾胃尚未发育成熟，不得给幼儿饮用冰镇的营养水。在自制饮用水时不建议添加药材类原料。

二、组织饮水

（一）组织幼儿做喝水准备

1. 饮水用具的布置

根据幼儿园不同的饮水形式及情况，进行相应的布置。如用保温桶、饮水机、温水机的园所为避免幼儿端水途中的泼洒，可组织幼儿分组在盥洗室饮水；利用水壶或饮用自制饮用水时应使用桌子，应将桌子摆放整齐。并用清水抹布擦拭干净。

2. 提出饮水要求

给幼儿介绍饮水的内容，喝自制营养水应向幼儿介绍营养水的品种及简单的功效，激发幼儿喝水的愿望，鼓励幼儿多喝水。并向幼儿提出安全要求，如在盥洗室不拥挤推搡、接水时注意安全、喝水时避免洒到衣服上。

3. 组织幼儿分组洗手

避免盥洗室拥挤而出现危险，在组织幼儿饮水时应分组，按组组织幼儿有序洗手。

（二）指导帮助幼儿拿取口杯接水

1. 指导幼儿拿取自己的口杯

保育员应熟记幼儿的口杯标志，小班幼儿在拿取口杯时，保育员应指导幼儿记住自己口杯的标志及位置；中大班幼儿在拿取自己口杯后保育员应做检查，避免用错。

2. 指导帮助幼儿接水

（1）保温桶/温水机。帮助并指导小班幼儿接水，一手拿杯把，一手拧水龙头，接至半杯后关闭水龙头；鼓励中大班幼儿自己接水，保育员在旁指导，提醒幼儿端好口杯，不要接水过满（图4-3）。

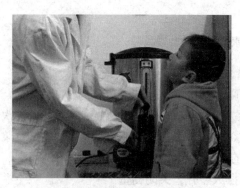

图4-3 指导帮助幼儿接水

（2）饮水机。保育员应接对好温水后递给小班幼儿饮用；对于中班幼儿可在指导下自行接凉水，保育员帮助接热水；大班幼儿可尝试在保育员的指导下接水，指导幼儿掌握正确接水的方法，即一手握杯把，一手按压水龙头，先接凉水，再接热水，以免烫伤。

（3）水壶。建议使用桌子，幼儿将口杯取出后放置在桌子中间，保育员一一给幼儿倒水，提醒幼儿手臂暂时不要挥动，以免发生意外。

（三）督促幼儿饮水

1. 指导幼儿正确的拿杯姿势

在饮水过程中指导幼儿正确的饮水姿势，一手拿杯把，一手扶杯壁，小口喝水，不说笑打闹，保持安静饮水。

2. 督促幼儿引用定量的水

注意幼儿观察饮水情况，鼓励幼儿将水喝光，及时发现喝不了或者偷偷倒掉水的幼儿，查明原因，协助还想喝水的幼儿接水。

3. 指导幼儿将口杯放回

指导幼儿将水杯放回原处，杯把朝外，杯口不要接触杯橱壁。

三、饮水后整理

（一）清理口杯

1. 根据喝水情况清洁、消毒口杯

在饮用白开水的情况下，可在一日生活最后 1 次饮水后将口杯进行清洗、消毒。如饮用自制营养水、牛奶、豆浆等残渣容易附着于杯壁的饮品，应在饮用完毕后马上清洗消毒。

2. 口杯摆放整齐，关闭橱壁

指导幼儿摆放好口杯后应再次检查口杯摆放位置是否正确，杯内有无存水现象（如有大量存水说明幼儿没有达到饮水量，需找到幼儿询问原因并补水）。用清洁的干抹布清洁杯壁水渍，将口杯把手朝外摆放整齐，杯口禁止接触杯橱壁。关闭杯橱门或放下杯橱纱帘，防止灰尘进入。

（二）清理地面水渍

用干的盥洗室专用拖把拖净水渍，确保地面清洁干燥，以防幼儿滑倒。

（三）清理维护饮水设备

1. 清洁饮水设备

对饮水设备进行清洁，用干布擦拭饮水设备上的水渍，将设备卡槽内的存水倒掉并清洗卡槽，再擦拭干净安装好。盛放自制营养水的水壶要马上清洗干净。

2. 检查关闭饮水设备

关闭饮水设备电源以防反复烧成"千滚水"；检查设备是否有异常，检查安全锁是否锁好；为防止落尘，饮水设备在关闭后应用干净的盖布罩好。

3. 做好饮水情况反馈

保育员应掌握幼儿一天的喝水量，发现每次喝水时幼儿的异常情况，尤其是患病儿等特殊儿童的饮水情况，及时记录下来，并将喝水情况反馈给班主任及家长。有喝水反馈栏的班级，保育员应在每次喝水后，指导幼儿在自己的喝水栏插入相应的标志。

第三节 组织进餐

一、餐前准备

（一）进餐环境准备

1. 摆放桌椅

保育员在进餐前先将餐桌之间保留 60cm 宽的距离，保证幼儿有足够的进餐空间，幼儿在进餐中如有如厕等情况，可以方便幼儿进出（图 4 - 4）。

2. 清洁和消毒餐桌与餐车

（1）用清水擦拭餐桌。清水擦拭桌面时，使用餐桌抹布，自上而下，从左到右，再擦拭餐桌四角边缘，抹布湿度适中，以不滴水为宜。

图4-4　进餐环境

（2）用84消毒液消毒餐桌。正确掌握84消毒液的配置比例，用配比好的消毒液（250 mg/L）消毒桌面。

（3）用清水擦净桌面。待20分钟后，再用清水擦拭桌面。擦拭桌面时自上而下，从左到右，再擦拭餐桌四角边缘。擦拭一张桌子后搓洗一次抹布，再擦拭下一张餐桌，确保幼儿进餐使用的每一张桌子都应清洁、卫生，不残留84消毒液（餐车的清洁和消毒操作方法一样）。

3. 调节进餐气氛

保育员要为幼儿进餐创造温馨、宽松的环境。如可播放音乐，帮助幼儿在舒缓的情绪下进餐等。音乐的选择上，多以钢琴曲、轻音乐为进餐时的背景音乐。应该注意的是：音乐音量要适宜，过大过小都不合适。

（二）进餐人员和用具准备

1. 保育员餐前准备

（1）分发餐具前，保育员应按照六步洗手法的要求清洗双手：用流动水打肥皂清洗手部，手心对手心搓洗，手心对手背搓洗，指尖对手掌搓洗，十指交叉搓洗，搓洗每个手指，搓洗手腕。

（2）分餐前，穿好分餐服，戴好帽子和口罩，将头发塞到帽子里，防止头发掉落。

2. 组织幼儿洗手

幼儿进餐前，保育员要有序组织幼儿洗手（图4-5）。要教给幼儿正确的洗手方法并提醒幼儿在盥洗室内不玩水、不打闹，有秩序地排队洗手。尤其在冬季，要帮助幼儿将衣袖挽起，以免洗手时浸湿衣袖。洗手后督促幼儿用小手巾擦手或用烘干机烘干小手。

图4-5 幼儿洗手

3. 准备残渣盘和擦嘴巾

及时准备幼儿餐桌上食物残渣盘等用具；同时，准备好幼儿餐后使用的擦嘴巾及空的器皿，擦嘴布方便幼儿取放，使用后的擦嘴布引导幼儿放在空的器皿中。

（三）餐具和饭菜准备

1. 到餐厅指定地点领取餐具、饭菜

在规定时间到食堂领取餐具、饭菜。将餐具、饭菜、汤等放置在分餐桌或餐车的固定位置上。

2. 分餐前调试好饭菜温度

饭菜进入教室后放置到分餐桌或餐车上，按季节不同，做好如下工作。

（1）进入春夏季节，保育员在分餐前应先打开餐盖散热，并将手放在器皿外壁上，试一下饭菜的温度，如温度适宜，便可分餐。

（2）夏季应给饭菜加盖一个网罩，防备苍蝇或飞絮的污染。

（3）秋冬季节，应该有意识地做好饭菜保温工作，饭菜在餐厅时做好保温措施，提饭时盖好盖子，既可以保温，又能防止灰尘进入饭菜内，冬季天凉分餐及幼儿进餐时要关好窗户，第一次盛饭时可盛少量，并随吃随添，保证每个孩子吃上热饭菜。

（四）餐前教育

1. 向幼儿讲解进餐的意义

保育员形象地给幼儿讲解进餐对人的重要性，引导幼儿高兴地进餐。

2. 向幼儿讲解进餐的要求

（1）进餐卫生。注意桌面、地面的清洁。

（2）健康进餐。①不厌食，能情绪愉快地进餐；②不挑食、不偏食，细嚼慢咽地吃完自己的一份饭菜。

（3）礼貌进餐。①安静进餐不打闹；②不让餐具碰撞发出过大的响声，不敲碗筷；③正确使用餐具，不用手抓饭，不撒饭；④用餐后餐具归放指定位置。

二、组织进餐

（一）组织分餐

1. 检查餐具、饭菜是否齐全

将在餐厅取到的餐具及饭菜，按照要求放在分餐桌或餐车上。要求餐具要与幼儿人数统一，餐盘、餐碗、餐勺不乱用、不混用；两菜、一汤、主食按照班级人数提取，检查是否齐全。

2. 为幼儿介绍今日食谱

保育员有责任每餐前为幼儿介绍今日食谱，通过合理的讲解激发幼儿进餐的欲望。

3. 有序为幼儿分发饭菜

（1）分发饭菜时应用指定餐具，用餐盘盛两菜及主食（两菜不能混淆、主食不能泡到菜汤中）。

（2）分发馒头、花卷等主食时，应用食品夹。

（3）菜汤、稀饭之类应用餐碗。先用汤勺搅拌，使汤、菜混合后再均匀地盛到幼儿的碗中。

（4）为幼儿端饭时，禁止在幼儿头顶掠过，以免烫伤幼儿。

（5）要将饭、菜、汤、主食均等、齐全地分发给每一个幼儿，避免幼儿单一摄食。

（二）添加饭菜

1. 巡视幼儿用餐

（1）仔细观察每一个幼儿的进餐姿势、进餐情绪、进餐速度、进餐量和对食物的偏好，发现问题及时处理。

（2）幼儿打翻饭碗或有呕吐的情况，不要训斥，要及时处理，给幼儿重新盛上饭菜，呕吐严重者需通知保健大夫。

2. 适时添加饭菜

（1）根据幼儿平时的食量，及时为幼儿添加饭菜。

（2）添加饭菜时注意安全，以免烫伤幼儿。

（3）鼓励幼儿不浪费饭菜。

（三）进餐指导

1. 正确使用餐具

（1）椅子摆正，两脚自然落地坐好。

（2）幼儿身体与餐桌保持一定距离，以免菜汤等撒在身上。

（3）右手拿勺子，左手拿主食（如馒头、花卷）。

（4）幼儿使用筷子的时候，要讲清要求，格外注意安全。

2. 指导幼儿进餐

（1）自己能安静进餐，同时，不打扰别人用餐。

（2）吃饭时不撒饭，不乱丢食物残渣，保持桌面、地面和衣服的整洁。

（3）不挑食、偏食，不吃掉在地上的食物。

（4）进餐时不含饭、一口饭一口菜，细嚼慢咽，能自己掌握吃饭的量，不暴饮暴食。

（5）咽完最后一口才能离开自己的座位。

（四）特殊儿童护理

（1）了解班内特殊体质的幼儿，如海鲜过敏、吞咽能力差，或少数民族等，将特殊体质幼儿或少数民族幼儿的名单，张贴在班内明显位置，起到提醒作用。

（2）关注身体不适及病愈后幼儿的食量。

（3）引导体弱幼儿增加蔬菜、蛋白质的摄入量。

（4）关注肥胖幼儿肉类等食物的均衡摄取，还要保证这些幼儿能吃饱，增加蔬菜摄入量。

（5）关照吃饭慢的幼儿，用积极正面的方法鼓励幼儿把饭吃完，要做到不催促。

三、餐后整理

（一）幼儿餐后整理

1. 指导幼儿餐后漱口

幼儿饭后漱口要用温开水，防止幼儿用自来水漱口，以免吞咽自来水。督促幼儿漱口后，将杯子放回原处。

2. 指导幼儿使用餐巾

保育员要事先准备好餐后擦嘴的餐巾，放置于餐桌上，等待幼儿进餐完毕后，指导幼儿擦干净嘴巴和小手。

（二）餐后卫生整理

1. 选择卫生整理时机

进餐结束后，最后一位幼儿吃完再进行卫生整理，以免影响幼儿正常进餐。

2. 餐桌卫生整理

按照消毒标准将餐桌擦拭干净：先用专用餐桌抹布，将桌面上的残渣擦到垃圾桶里；再用 84 消毒液进行消毒；最后用清水进行擦拭。整理好的餐桌整齐地摆放到教室角落，与幼儿的小椅子统一排放到教室的角落里（中大班可由值日生负责）。

3. 地面卫生整理

幼儿进餐结束后应彻底清洁消毒地面，使地面上没有残留的饭菜，以免幼儿踩踏。

（1）把清水和 84 消毒液倒入拖把桶中（体积分数为 0.9%）。

（2）把拖把放入拖把桶中浸湿，然后拧干，拖地的方向为从里到外、从上到下。

（3）地面消毒保持 30 分钟。

（4）冲洗拖把后，将拖把浸在清水桶中。

（5）拧干拖把，按照从里到外、从上到下的顺序用清水拖地多次直至干净。

（6）将拖把清洗拧干后，在阳光下暴晒。

4. 餐具卫生整理

指导幼儿将餐盘、餐碗、餐勺分开放，再由保育员统一放置餐桶内，在规定时间内送至食堂进行清洗消毒。同时，帮助幼儿将残羹集中倒入垃圾筒中。

（三）反馈进餐情况

1. 幼儿整体进餐情况

保育员在组织幼儿进餐结束后，应将幼儿的整体进餐情况与当班教师进行交流反馈。同时，将幼儿进餐量及幼儿对饭菜的评价，及时反馈给食堂负责人，提高饭菜质量，更好地为幼儿服务。

2. 特殊幼儿进餐情况

将挑食、偏食、进餐量少、进餐慢的幼儿情况反馈给教师，教师充分了解幼儿情况后，及时与家长沟通，做好家园共育。

（四）餐后活动

1. 协助教师组织幼儿活动

餐后活动，一般是指幼儿进餐结束后到进行午睡前这段时间内所组织的安静活动。保育员将餐桌整理结束后，站在队伍后方帮助带班教师带领幼儿散步。散步时，要全面观察幼儿，是否嘴里还有饭菜等，教育幼儿在散步时，不跑、不跳。

2. 随时关注幼儿安全

在餐后活动时，如果有如厕的幼儿，保育员必须及时跟进，关注幼儿安全。

第四节 组织睡眠

一、睡眠前准备

（一）安全排查

1. 通过交接班了解幼儿当天情况

清点人数，与上午带班教师交流幼儿的情况，做好交接班工作。上午带班教师认真填写交接班记录本，保育员和下午带班教师要认真查看记录本，掌握每一位幼儿的身心状况，并针对班内特殊（生病、过于活跃、孤僻等）。幼儿情况与上午班教师进行详细了解。根据当天幼儿的身体状况，进行有针对性的观察和照料。

2. 防止携带危险物品就寝

（1）逐一检查幼儿的衣服口袋里是否装有危险品（如发卡、扣子等细小物品）。此外，保育员应检查幼儿的手和口，查看幼儿双手是否干净，口腔内是否有食物（如小骨头、米粒等），避免幼儿在睡觉时吞咽小物品发生窒息情况。

（2）指导幼儿取下头绳、发卡等头饰，并存放妥当。

3. 排查幼儿睡眠时是否有危险行为

（1）防止线头缠绕手指。随着幼儿的生长发育，随意性动作也在不断增加。如果幼儿不慎将枕头、被褥上的线头缠绕在手指上，会使血液流通不畅，尤其幼儿身体机能较弱，甚者可能产生手指坏死。所以，保育员在幼儿睡眠前以及日常整理被褥中一定要检查是否有裸露的长线头，排除隐患。

（2）防止被子捂住口鼻。保育员要特别注意防止幼儿蒙头睡觉。蒙头睡觉时，被子捂住口鼻，有可能导致缺氧，造成睡眠质量低下，醒后乏力、精神不足。而且幼儿蒙头睡觉时，容易在被窝里做小动作，可能会把私带的小东西塞到耳朵、鼻子里去，发生危险。

4. 关注在午餐过程中有不良反应的幼儿

排查在午餐过程中有不良反应的幼儿，预防幼儿睡眠中出现呕吐等现象，若发现，及时送往保健室。

（二）营造午睡环境

1. 整理摆放幼儿床铺

整理床铺应该在幼儿餐后散步或者听故事等其他睡前准备活动开展时进行，应做到如下要求。

（1）幼儿被褥都统一摆放到床的一头，便于养成幼儿良好的睡眠习惯。

（2）检查被褥是否适合当前季节使用（尤其在季节更替时，要及时与家长沟通更换合适被褥）。

（3）检查床铺是否有杂物（特别是一些有可能伤害儿童的物品如别针、发夹等）。

（4）幼儿床要摆放整齐，注意间隔距离（40~50cm），防止呼吸道疾病的传染（图4-6）。若寝室不大，床挤靠较紧，可让幼儿头脚互换，即一人睡这一头，另一人睡那一头。卧室中要留有走道，一般为50cm宽，便于幼儿如厕及老师巡视照顾。班级内体弱幼儿的床铺应安排在背风处，体质较好、怕热的幼儿可安排在通风处（但不能吹过堂风）。易尿床和活泼好动爱说话的幼儿要睡在教师照顾得到的地方，咳嗽的幼儿最好与其他幼儿有一定的距离。

图4-6　幼儿床铺

（5）每位幼儿的床铺、被褥、枕头必须专人专用。

（6）一定要把身体不适（如呼吸道有问题等）、打鼾幼儿的床位摆放到靠近门口的位置，以便处理紧急情况。

幼儿被褥要求。

①被褥用品是幼儿每日生活的必需品，按照办园的标准应该是幼儿每人一床一垫一被一枕。幼儿的被褥枕头最好规格统一，

如请家长自备，最好规定尺寸。

②幼儿用的垫被和盖被可每两周要求家长带回日晒一次，每次晒 2～4 小时。

③在幼儿园每周一、周三、周五可将被褥打开用消毒灯照射半小时。

④床单、枕套、被套每月清洗 1 次，用开水烫、日晒；枕头套也可每两周清洗 1 次。

2. 开窗通风，调整适宜的温度、湿度和光线

（1）午睡的房间必须保持空气流通。掌握好开窗关窗时间，寒冷季节保育员应在午睡前半小时关窗保持寝室温度，夏季全天开窗通风，保持室内空气清新。

（2）注意温度控制。利用空调等温度调节设备，把温度控制在 20～26℃为宜。夏季寝室温度高，提前拉上窗帘遮阳，并打开空调或者风扇降温，注意空调温度不宜设置太低，风扇不能直吹幼儿。

（3）注意湿度调节。冬季取暖时，应注意打开加湿器或者放一盆水，增加空气湿度，预防幼儿因鼻腔干燥造成流鼻血。寝室内湿度应控制在 40%～60%为宜。

（4）调节睡眠室光线。寝室的光线尽量弱，在幼儿睡前把窗帘拉上，保持室内光线暗淡而柔和，让孩子一进午睡室就不会感到兴奋和烦躁。而是感到幽静而舒适，有利于提高幼儿的睡眠质量。对于害怕拉窗帘、关灯睡觉的幼儿要进行及时的教育、引导，并积极与家长沟通，共同培养幼儿良好睡眠习惯。

3. 播放适宜的音乐或故事

（1）在幼儿就寝之前，保育员要将手机设置成静音，保持寝室内相对安静的环境。

（2）在幼儿散步或者进行其他睡前活动结束时，保育员要放低声音，控制动作幅度，播放适宜睡眠的轻音乐或故事，引导

幼儿进入午睡状态。

（三）就寝前幼儿的准备

1. 组织幼儿如厕

在幼儿进行完睡前活动后，保育员要组织幼儿如厕，提醒并关注幼儿将尿液排空，以免有尿意而影响孩子的睡眠质量甚至尿床。

2. 指导幼儿穿脱和摆放衣服、鞋

（1）指导穿脱和摆放衣服、鞋。指导或帮助幼儿脱衣，提醒正确顺序方法。先将鞋袜整齐地脱放在床下，根据寝室实际情况安排幼儿鞋子的摆放位置，不占用过多的过道，不能影响幼儿如厕。将衣物按要求分别叠放整齐，并放置在固定位置（衣服放在裤子上面，穿衣时方便）。

（2）对于小班幼儿，保育员应帮助其穿脱衣物、鞋袜，并根据幼儿的发展水平不同，逐步指导幼儿进行自理。对于中大班的幼儿，保育员应指导其自己穿脱衣物、鞋袜，并学会整理。在幼儿需要帮助时，要耐心帮助和指导，与其交流，使幼儿能尽快学会自理。

（3）在条件允许的情况下，可要求家长为幼儿准备睡衣睡裤，午睡时更换上，可以提高睡眠质量，保护幼儿身体的正常发育，养成良好习惯。

3. 清点幼儿人数

对就寝幼儿进行人数清点。在幼儿各自躺下时，清点幼儿人数，并做好记录。

二、组织午睡

（一）组织幼儿午睡

（1）保育员要用温柔的声音提醒幼儿入睡，语气要亲切，使幼儿能够得到安全感。

（2）对个别不能很快入睡、好动或与其他幼儿交谈的幼儿，保育员要用面部表情和手势提示，用信任、鼓励的语气跟他们讲道理（时间不能太长），让幼儿体会教师的爱和要求，耐心地陪伴他们，直到全部入睡为止。

（二）巡回观察

1. 提醒幼儿排尿

掌握幼儿的排尿规律，及时叫醒个别幼儿排尿。幼儿睡间起床如厕时，为幼儿准备合适的拖鞋，并要求其穿好外套，避免幼儿感冒。针对有遗尿现象的幼儿，保育员应有规律地唤醒其排尿，通常在入睡半小时左右唤醒。对于尿床幼儿，应及时处理，唤醒幼儿并更换床与衣物，安慰其再次入睡，态度要和蔼亲切，不能训斥幼儿，以免幼儿受到刺激加重遗尿现象。

2. 纠正幼儿不良睡姿

（1）培养幼儿良好的午睡习惯，保持正确的睡眠姿势，提高睡眠质量。

（2）保育员指导幼儿不趴卧、不跪卧、不蒙头睡觉，鼓励其侧卧或者仰卧，巡查中及时帮助幼儿纠正不良的睡姿（图4-7）。

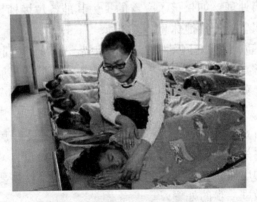

图4-7　帮助幼儿纠正不良的睡姿

3. 及时观察幼儿的不良反应

在睡间看护时，幼儿可能会出现的异常症状及处理方法。

（1）发热。发热是儿童最常见的症状。首先午睡时发现孩子有异样，觉得有可能发烧了，就去和保健老师联系，让保健老师拿体温表来班给孩子测体温。确认孩子发烧后，特别是超过38℃，应以最快的时间和家长联系，接孩子去医院就诊，以防孩子体温再次升高而发生惊厥。如果家长没能及时赶到，在家长还没有到的情况下，可以进行一些护理，第一，少盖被，给孩子散热。小孩在发烧时，会出现发抖的症状，不要以为孩子发冷，其实这是因为他们体温上升导致的痉挛。第二，体温高，帮孩子物理降温，常用方法为头部冷湿敷，用20～30℃冷水浸湿软毛巾后稍挤压使不滴水，折好置于前额，每3～5分钟更换1次。准备20%～35%的酒精200～300ml，擦浴四肢和背部。第三，补充充足的水分，高热时呼吸增快，出汗使机体丧失大量水分。对于发烧的孩子要密切观察孩子的情况，及时处理。

（2）剧烈咳嗽。防止孩子咳嗽呕吐，睡着时观察孩子口腔异物，适当处理，如果孩子醒着的，为其准备垃圾桶，给他喝点水、可采取坐位，让他休息。

（3）流鼻血。安慰幼儿，不要惊慌，让孩子坐起，头部应该保持正常直立或稍向前倾的姿势，而不是后仰或平躺。用手指压迫鼻翼5分钟（也可以只压迫出血的一侧，这样另一个鼻孔就能呼吸了），或将消毒过的干棉球塞入出血鼻腔后再压迫。在孩子的额头可敷湿毛巾或冰袋。如果孩子配合，最好敷在鼻子根部。也可以举起上肢，以增加上腔静脉的回心血量，减少鼻腔供血。严重的出血，或有其他问题存在着，此时，就需要和家长联系、送医做进一步的处置。

（4）腹痛。便秘是儿童急性腹痛最常见病因，问儿童是否要上厕所，其他有急性胃炎、肠炎、菌痢腹痛等。一方面让孩子卧床休息；另一方面喝点温开水、热盐开水并与家长联系。

（5）惊厥。表现为突然四肢抽动、摇头瞪眼、唤之不醒、口吐白沫、大小便失禁。使幼儿平卧，松懈衣裤散热，头转向一侧，及时清理口鼻喉分泌物或呕吐物，看护防止意外损伤，防止舌咬伤，布条、手巾纱布包裹在筷子或勺柄、压舌板伺机放入孩子牙齿间。不要用坚硬的东西强行撬他的嘴巴。发热时用冰块或冷水毛巾敷头和前额，有专人看护并第一时间和保健老师、家长联系，必要时联系医院急救。

（6）抽搐。抽搐可以是由癫痫引起，也可以由低钙引起。前者是由脑内病灶产生异常放电引起，一般都有脑电图异常。如果是癫痫大发作多数是四肢强直，而不是屈曲，抽搐时眼睛上翻，双手紧握拳，没有呼吸，身体僵硬；后者为低钙引起，多数是以手足搐搦为主，与惊厥处理方法差不多。如果是癫痫我们要看护，以免孩子再发作时摔伤碰伤。

（三）组织幼儿起床

1. 轻声唤醒幼儿

保育员在幼儿起床前，预先准备好幼儿的午点、水果，并按时叫醒幼儿，培养幼儿养成规律的生物钟。对个别起床难的幼儿应到身边轻拍，轻声唤醒（图4-8）。

2. 组织幼儿做起床操

大部分幼儿不能主动起床，保育员可以组织幼儿做有趣的起床操，让幼儿逐渐清醒，避免幼儿出现不适。

3. 提醒幼儿更衣、如厕、喝水

（1）穿衣服时，保育员应督促幼儿动作要迅速，不要边穿边玩，以免着凉感冒（冬季穿衣服时幼儿应先坐在被窝里穿上衣.再起身穿裤子）。

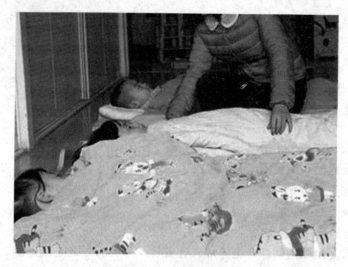

图4-8　唤醒幼儿

（2）保育员要注意幼儿起床时，是否把衣服都穿戴整齐，有无漏穿，检查幼儿的鞋是否穿倒，鞋带是否系好，以免活动时绊倒。

（3）提醒幼儿及时小便、喝水。午睡时排尿较多的幼儿，要提醒其多喝一些，补充水分。

（4）起床后要做好午检，多关注生病幼儿，观察精神状态和检查身体情况，特别提醒根据当日气温增减衣物。

三、睡后整理

（一）床铺整理

床铺整理包括晾被子、叠被子、整理床单和枕巾等工作。

1. 晾被子

叠被子前，保育员需将被子翻转过来晾10分钟左右，然后再将其叠起来。之所以如此，是因为起床后如果马上叠被子，被子里的湿气无法散出，容易滋生细菌。

2. 叠被子

保育员站在床的一侧，将被子靠近自己的一边向中间折，再折另一边，要注意宽窄适度。将折好的长条形被子的两端分别向中间对折，然后再对折，叠成豆腐块的形状（图4-9）。

图4-9　叠被子

3. 整理床单和枕巾

将床单和枕巾铺平，用刷子将床单扫干净，需注意不要将枕头放在被子下面，因为枕头、枕巾会因为幼儿在睡觉时爱出汗而变得潮湿。

（二）寝室整理

整理好幼儿的床铺后，保育员需要做好卧室的整理工作，具体如下。

（1）将卧室窗帘系好。

（2）开窗通风，保持卧室空气流通。

（3）清理好地面垃圾，保持幼儿卧室干净整洁。

（4）幼儿遗漏和脏的衣物，要送至洗衣房。

（5）在幼儿离开宿舍后，保育员需要用"84"消毒液对卧室进行消毒。

第五节　组织盥洗如厕

一、组织盥洗

（一）对幼儿的要求

1. 对小班幼儿的要求

（1）洗手要求。

①在保教人员提醒下知道饭前、便后及手脏时洗手。

②在保教人员帮助下，知道洗手前要挽袖子。

③能在保教人员的提醒和帮助下洗净双手。

（2）漱口要求。

①餐后在保教人员提醒下漱口。

②初步掌握用鼓漱的方法漱口。

2. 对中、大班幼儿的要求

（1）洗手要求。

①洗手前会挽袖子，洗手时不玩水、不玩香皂，节约用水。

②饭前、便后及手脏时能主动洗手。中班洗手方法基本正确，大班洗手方法正确。

③能有秩序地洗手。

（2）漱口要求。

①餐后能主动漱口。

②漱口方法正确。

（二）保育员工作要点

1. 保育员对小班幼儿的工作要点

（1）洗手要点。

①帮助、指导幼儿挽袖子，防止衣袖弄湿。

②帮助幼儿打开水龙头并调至合适的水流。

③关注幼儿洗手过程，可和幼儿一起洗手。

（2）漱口要点。

①提醒幼儿餐后用自己的口杯接水漱口。

②提醒幼儿将漱口水含在嘴里鼓漱 3~5 次，再吐进水池。

③提醒幼儿漱口后用餐巾擦干净嘴，将口杯放回水杯柜中。

2. 保育员对中、大班幼儿的工作要点

（1）洗手要点。

①提醒幼儿在洗手时保持安静有序，发现有打闹、玩水等情况，及时提醒和纠正。

②提醒幼儿用正确方法洗手，对于搓洗不仔细的及时给予指导。

（2）漱口要点。

①关注幼儿的漱口方法是否正确。

②对玩水、打闹的幼儿及时提醒和纠正。

（三）常见的问题及解决策略

1. 小班洗手活动常见的问题

（1）不会挽袖子。

（2）不会控制水流的大小。

（3）洗手方法不正确。

（4）洗手时不用香皂。

解决策略。

①保教人员适当进行示范、帮助、提醒。

②将洗手方法分解多次进行。还可与幼儿一起洗手，边说边

做，让幼儿轻松地学习正确的洗手方法。

③准备形状、颜色不同的香皂激发幼儿洗手的兴趣。香皂放置要避免二次污染，装香皂的器具要定期消毒。

2. 小班漱口活动常见的问题

（1）将漱口水咽入肚中。

（2）不愿意漱口。

（3）漱口方法不正确。

解决策略。

①为幼儿准备温开水漱口。

②通过各种活动帮助孩子知道漱口的重要性。

③发挥环境的教育作用，张贴正确洗手和漱口的图示。

3. 中大班洗手、漱口活动常见的问题

（1）不认真洗手、漱口。

（2）洗手、漱口时有打闹、玩耍的现象。

解决策略。

①引导幼儿自己制定洗手和漱口的规则。

②引导幼儿学习自我管理，互相提醒。

③利用榜样示范。组织中、大班的幼儿教小班幼儿洗手、漱口，激励中、大班幼儿坚持正确洗手、漱口。

二、组织如厕

（一）对幼儿的要求

1. 对小班幼儿的要求

（1）有便意时，能主动告诉成人。

（2）能安静、有序如厕不在厕所逗留。

（3）便后知道请求保教人员的帮助，整理好衣裤。

（4）在保教人员的提醒下，知道便后洗手。

（5）初步学习擦屁股的正确方法。

2. 对中、大班幼儿的要求

（1）在保教人员的指导、提醒下分性别如厕。

（2）会使用便纸，大便后主动冲水、洗手。

（3）如厕后主动整理好衣裤。

（二）保育员工作要点

1. 保育员对小班幼儿的工作要点

（1）允许幼儿按需要随时大、小便，饭前、外出、入睡前提醒幼儿如厕。

（2）掌握幼儿排便规律，及时帮助尿床、尿裤子的幼儿。

（3）帮助穿脱衣服困难的幼儿。

（4）引导幼儿学习擦屁股的正确方法。

2. 保育员对中、大班幼儿的工作要点

（1）组织幼儿分性别如厕。

（2）对幼儿如厕过程中出现的问题给予正确引导。

（3）指导幼儿便后独立擦屁股、整理衣服。

（三）常见的问题及解决策略

1. 小班常见的问题

（1）不敢小便、不会小便，尿裤子的现象时有发生。

（2）便后不会自己提裤子、擦屁股。

解决策略。

①参观熟悉厕所环境。带领刚入园幼儿参观、熟悉厕所环境，介绍男孩、女孩的如厕方式。

②保教人员细心照顾。每次幼儿如厕时保证有一名保教人员在旁看护，随时帮助有困难的幼儿。

③耐心引导，边帮边教。

2. 中、大班常见的问题

（1）如厕时玩耍、打闹。

（2）便后整理衣服不到位。

解决策略。

①环境创设。可安装穿衣镜，或张贴正确提裤子的步骤示意图，让幼儿按图示提好裤子并对着镜子检查。

②组织幼儿制定"文明如厕公约"等。

③及时评价幼儿在如厕中的表现，并正确引导。

第六节　物品的管理

一、大小物品登记入册

幼儿常用的物品主要包括玩具、教具、图书、餐具、家具、被褥、衣服等大小物品。为了妥善保管学前教育机构幼儿所有的常用物品，也便于定期清点核查，保育员应对每一件物品分类登记造册。

对于登记入册的物品，保育员每学期初与本班教师、财务管理人员一起对班级财产进行全面清点登记1次，学期期末再一同核对验收或回收仓库。

保育员根据物品登记表定期对其进行清点核对时，如果找出不符合项应及时查找原因，并针对不同的情况进行处理。

（1）当物品出现损坏或质量问题的，必须进行相应登记，损坏需要做损坏登记，物品过期需要做过期登记。

（2）对于借出物品的，需要及时进行登记，并按期索还，以免丢失。

（3）对于丢失的，需要做丢失登记，并及时查找丢失原因，看是否能够找回。

（4）对于损坏、丢失或质量问题的，除了进行相应登记外，还需要及时进行补充，以便能够保证幼儿的使用。

二、班组设施设备管理

班组内的设施设备主要是指桌椅、橱柜、钢琴、电子琴等。

保育员在每天下班前对教室内的椅、橱柜等物品进行收拾、整理及卫生清洁，以便下次使用。同时，保育员应加强对班组内的设施设备的爱护和养护，配合相关人员对其进行日常的维护和保养。保育员在对设施设备等进行整理或养护时，需要对设施设备进行检查，以便及时发现异常并及时报修或更换，避免出现危险（图4-10）。

图4-10　检查卫生清洁情况

三、玩具教具图书管理

1. 日常管理要点

（1）玩具、教具、图书等物品，保育员需要分门别类的摆放在固定位置，并贴上标签做好标记，以便于拿取和保管。物品

标签需要填上物品的编号和名称，并贴在玩具柜或整理柜上（图
4－11）。

图 4－11　玩具教具图书摆放

（2）各种玩具、教具必须全部编号登记，分类保管，对新
添教具、玩具、图书要及时通知各班教师，以便提高玩教具的使
用率。

（3）保育员要指导幼儿正确使用、爱护玩教具，做到轻拿轻
放，同时，要教会幼儿整理玩具、教具和图书，用完后物归原处。

（4）玩教具正常损坏，保育员、教师等要及时通知有关人
员，以便合理及酌情处理。由于不负责任而造成的损坏，学前教
育机构要追究责任，要求责任人赔偿损失。

2．**玩具管理注意事项**

（1）在组织幼儿玩玩具时，保育员要坚守岗位，不断巡视，
不接打电话、不与他人聊天，如发现玩具有磨损、螺丝松动现
象，应及时上报。

（2）在组织幼儿玩玩具时，如出现幼儿磕伤、碰伤，应及时处理好，并及时与家长沟通，同时，要经常督促幼儿和家长，下午放学后立即离校，不能擅自玩玩具，以免出现意外。

3. 教具管理注意事项

（1）使用教具要提前半天或一天到教具室借用，并做好登记工作（姓名、借还时间、教具名称、数量），不填写借用登记表的不得私自取用教具。

（2）电化教具当天借还，如需转借，转借人负责还，并在被借人栏内签署自己的名字。

（3）美术教具点清后方可借出，用后清洗干净后，如数送还。

（4）儿童打击乐器点清借出按数量归还。录音机、风琴、录像机等贵重教具，一般不外借，如需外借，须经园长同意。

四、幼儿个人物品管理

1. 各类幼儿个人物品的管理

幼儿的个人物品主要幼儿的床单、被褥、衣服、餐具以及学习用品等物品。保育员需对这些物品进行分开保管、固定存放、专人专用，避免物品混乱使用。

（1）幼儿的床单、被褥应做好标记、专人专用，床的边缘也需要标注幼儿的姓名或编号，以便固定幼儿的床位。

（2）幼儿的衣服应叠放整齐，存放在固定的衣橱中，以便取放。

（3）幼儿的餐具和学习用品等也应做好个人标记，并分类摆放，专人专用。

2. 幼儿个人物品管理注意事项

（1）注意将幼儿用品用简单的标志或学号区分开，以便于幼儿辨认、拿取。

（2）幼儿个人物品取用后，保育员应指导幼儿将物品放回原处。

3. 培养幼儿的物品管理能力

保育员还需要培养幼儿的物品管理能力，以便幼儿参与到个人物品的管理中来。

五、妥善保管危险物品

危险物品包括具有腐蚀性的物品、有毒的物品、易燃易爆物品以及其他对于学前教育机构的幼儿来说可能造成伤害的物品。通常在学前教育机构中存在的危险物品包括消毒剂、杀虫剂、灭火器、剪刀、洗涤剂等。

1. 危险品保管总要求

（1）危险物品应存放在安全固定的位置，并由专人负责保管。一般来说危险品应该存放在储藏室内，并上锁保管，或存放在高处，避免让幼儿接触到，造成危险。

（2）严格按说明书的要求保管危险物品。大多数危险物品都需要低温、避光保存，有些物品注明"小心撞击"，保管人员要仔细阅读、理解各种危险品的保存要求，并严格遵照执行，否则容易出现安全责任事故。

（3）危险物品使用时应登记记录，剩余部分要及时放回储藏室或幼儿不可触及的地方。

（4）存放危险物品的容器应按规定统一回收处理，切不可随意丢弃，更不能随意放在盥洗室，以防好奇的幼儿玩耍，引起安全事故。

2. 日常物品具体保管要求

（1）保育员在使用完剪刀、刀子等可能存在危险的物品之后，需要及时收藏起来，避免幼儿随意拿取、使用、玩耍，从而造成伤害。同时，保育员要教会幼儿正确拿取、使用、传递剪刀等有危险的物品，并认识到其危险性。

（2）用完的洗衣液、洗衣粉及其容器等需要放回储藏室，不能随意放在盥洗室，避免幼儿误食，从而给幼儿造成伤害。

（3）热水瓶、热水器要放置在幼儿不能接触到的储藏室，倒水时要远离幼儿，避免出现不慎打翻热水对幼儿造成烫伤。

（4）将外用药和内服药严格分开放置，并在日常生活中教幼儿识别，杜绝出现药物错服或外用药内服的情况。

第七节　意外伤害的防范

一、小外伤

1. 切割伤

（1）常见切割伤。幼儿玩耍小刀、剪刀等锋利物品造成的皮肤断裂、出血。

（2）案例。某幼儿拿着水果刀玩耍，不小心在手指上划了一道口子，伤口处开始渗出血珠。

（3）急救方法。

①对于较小、较浅的切割伤可采用直接压迫止血法（方法参见本章"出血"的处理）；也可以先清洁伤口周围，用冷开水冲洗伤口处，特别是将异物冲洗干净，再用过氧化氢由里向外消毒，然后涂搽红药水或紫药水。

②伤口较大，出血较多，必须先止血（方法参见本章"出血"的处理），将伤处抬高，立即送医院，请医生处理。

2. 刺伤

（1）常见刺伤。常见于玻璃、竹刺、铁钉、木屑等锐利物刺入皮肤，伤口深而狭窄，容易感染。

（2）案例。某幼儿在自由活动后告诉老师手指疼痛，老师检查发现，该幼儿食指尖有竹刺刺入，伤处周围皮肤又红又肿，按压疼痛。

（3）急救方法。

①用生理盐水或冷开水清洗伤口。

②检查伤口是否留有异物，如果有，用消毒针顺着刺的方向将其拔除。

③确认伤口无异物后，用碘酒或酒精涂搽伤口周围，伤口涂红药水。

3. 扭伤

（1）常见扭伤。多发生在幼儿运动、游戏等活动中，多为关节处软组织受伤，伤处肿痛，运动不灵活，颜色发青。

（2）案例。某幼儿穿上了妈妈给她买的新皮靴，鞋跟和鞋帮都较高，该幼儿在奔跑中不小心把脚扭了，孩子感到剧烈疼痛，脚的活动不方便，老师发现该幼儿的脚踝处又青又肿。

（3）急救方法。

①检查是否骨折。

②如果没有骨折，立即对伤处冷敷，使血管收缩止血，并达到止痛的目的。

③一天之后，对伤处热敷，改善血液循环，减轻肿胀。

（4）预防。

①定期检查和维修幼儿园的滑梯、攀登架等游乐设施。

②幼儿在户外游戏、活动时，注意观察、提醒幼儿。

③遇到不安全的情况及时给予幼儿适当的指导、帮助。

④教育幼儿不打架、不拥挤，遵守活动规则，培养团结友爱的精神和守秩序的习惯。

二、骨折

1. 常见骨折

因外伤破坏了骨的完整性，称为骨折，分为闭合性和开放性两种。闭合性骨折，骨折处皮肤不破裂，与外界不相通；开放性骨折，骨折处皮肤破裂，与外界相通。幼儿常发生以下几种情况的骨折：重物打击，可能导致骨折；手被弹簧门挤压，可能导致骨折；伸手玩弄电扇，可能因扭转而发生骨折；车挤压、跌倒等，也都可能造成骨折。

2. 骨折的症状

（1）剧烈疼痛，特别是活动伤肢或按压骨折的部位时，疼痛更明显。

（2）骨折的肢体失去正常功能，如下肢骨折不能走路，上臂骨折不能抬高。

（3）骨折的部位出现变形。

小儿骨骼的成分和成人相比较，有机物相对比无机物多，所以小儿的骨骼韧性强、硬度小，容易发生变形，一旦发生骨折，还可能出现折而不断的现象，称为"青枝骨折"，伤肢还可以做动作，因此，小儿骨折容易被忽略，如不及时送医院治疗，伤肢将出现畸形，影响肢体的正常功能。所以，小儿一旦发生肢体伤害，应及时送医院检查是否发生了骨折。

3. 急救方法

（1）在未急救包扎前，不轻易移动伤者。如果轻易移动，可能引起骨折移位，严重的还可能引起休克和血管、神经损伤，甚至由闭合性骨折变为开放性骨折，加重伤势。

（2）止血。幼儿发生骨折后，观察幼儿全身状况，如果是开放性骨折并伴有大出血，先要在伤口处覆盖敷料，包扎止血，再处理骨折。

（3）处理骨折的基本方法是：使断骨不再刺伤周围组织，限制受伤肢体的活动，使骨折不再加重，这种急救方法叫"固定"。

①四肢骨折：幼儿四肢骨折后，观察骨折处是否有皮肤破损

及断骨暴露，如果有断骨暴露在外，不要强行还纳回去。可盖上干净纱布，简单固定，迅速送医院进一步治疗。

如果骨折处没有上述情况，应立即用夹板固定。夹板一般选用薄木板，在紧急情况下也可用木棒、硬纸板、竹片等代替，甚至还可将伤肢固定于健肢。固定时，给伤肢垫上棉花或布，夹板的长度应超过伤处的上下2个关节，用绷带把伤肢的上下2个关节都固定住，露出手指或脚趾，以便观察肢体的血液循环，松紧以手指和脚趾尖不出现苍白、发凉、青紫为度。

②颈椎骨折：将患儿平放，头部垫高。为避免震动，可在头部两侧放上沙袋或硬枕头，使头部固定。

③肋骨骨折：判断断骨是否伤及肺部，如果断骨刺伤肺，患儿呼吸困难，应尽快送医院急救。反之，可让患儿深呼吸，用宽布带缠绕胸部断肋处，减少胸廓运动。

④腰椎骨折：处理这种骨折，稍有不慎，即可产生严重后果。患儿发生腰椎骨折以后，应严禁腰部有活动，否则，会加重脊髓的损伤。不能让患儿走动、弯腰，救护者也不能搀扶、抱持患儿。不可用软担架抬患儿，可用木板、门板等作为搬运工具，多个救护者动作一致地将患儿抬到硬担架上，让患儿俯卧，用宽布将身体固定在担架上，尽量平稳地将患儿送到医院。

（4）及时送医院，争取在骨折后2~3小时内送到医院进行复位处理。

4. 预防

（1）保教人员要加强责任心，防止发生伤害事故，引起骨折。

（2）幼儿进出的门不安装弹簧，以免夹伤幼儿，引起指、趾骨的骨折。

（3）教育幼儿不做危险动作。

三、出血

出血是儿童时期常发生的一种外伤现象，少量出血容易止住；严重损伤引起的大出血，可能危及患儿生命，应立即采取止血措施。

1. 常见的幼儿出血

（1）动脉出血。血色鲜红，血流量大，短时间内可大量失血，必须立即止血。

（2）静脉出血。血色暗红，血液均匀流出。

（3）毛细血管出血。血液像水珠样渗出，可自己凝固。

2. 急救方法

（1）动脉出血。采用指压止血法，这是动脉止血最快速、最有效的一种临时止血方法。即用单个或多个手指压住血管的上端（提更靠近心脏），压闭血管，阻断血流，急送医院处理。

①面部出血：压迫两侧下颌骨。救护者可用拇指在伤口同侧下颌骨前方2cm处触及动脉搏动，按向下颌骨，使面动脉被压闭而止血。

②前臂出血：压迫肘窝（偏内侧）动脉跳动处。

③手掌、手背出血：压迫腕动脉跳动处。

④手指出血：将手指屈入掌内，成握拳状。

⑤大腿出血：屈曲大腿，压迫大腿根腹股沟动脉跳动处。

⑥脚部出血：压迫脚背动脉跳动处。

（2）小伤口。由于小伤口引起小的静脉或毛细血管出血可用一般止血法，用干净的纱布、棉花垫在伤口上，用绷带包扎，即可止血（图4－12）。

（3）较大伤口。由于较大的伤口引起的出血，可将敷料（可用干净的棉花、纱布）盖在伤口上，用绷带包扎止血。（对小伤口和较大伤口出血，还可将陈艾叶搓成艾绒点燃，用以炙伤

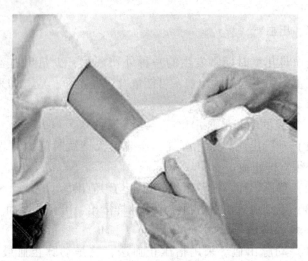

图 4 – 12 绷带包扎

口，止血效果很好。)

3. 预防

(1) 将小刀等锐器放在幼儿拿不到的地方。

(2) 经常检查幼儿口袋，如有危险的东西，要交老师妥善保管。

(3) 教育幼儿不用带尖带刺的东西做玩具、不挖鼻孔。

(4) 注意幼儿活动中的安全。

四、烧、烫伤

1. 常见烧、烫伤

烧、烫伤是由火焰、蒸汽、热液体、电流、化学物质等作用于人体引起的损伤。幼儿皮肤的角质层薄，保护能力差，因开水、热汤、化学药品、火焰、电器等导致的烧、烫伤事故较多。按烧伤的程度不同可分为三度烧伤。

一度烧伤：仅表皮受损。表现为皮肤轻度红、肿、热、痛，没有水疱。

二度烧伤：伤及真皮。表现为伤处皮肤疼痛剧烈，有水疱。

三度烧伤：伤及皮下组织、肌肉。表现为受伤处皮肤感觉消失，无弹性、干燥，无水疱，皮肤颜色蜡白或焦黄。

2. 急救方法

烧、烫伤的急救原则是消除烧、烫伤的原因，保护创面，设法使伤员安静止痛。

（1）消除烧、烫伤的原因。根据不同的情况采用不同的方法，如果是火焰，应设法将余火扑灭；如果是热的液体，应立即将烫伤部位的衣服脱掉；如果是触电烧伤，应立即切断电源。

（2）保护创面。一度烧伤可在局部涂搽獾油、烫伤膏等，一般在3～5天内可好转。二度、三度烧伤应用清洁的被单、纱布、毛巾等物覆盖创面，不要弄破水疱，也不要在创面上涂抹任何治疗烧伤的药品，避免加重感染和损伤，速送医院处理。

（3）设法使伤员安静止痛。若烧、烫伤面积大，病人烦躁口渴，可少量多次给予淡盐糖开水饮用。

注意事项：如被腐蚀性药品烧伤，应立即用大量清水冲洗创面；如被生石灰烧伤，应将石灰颗粒揩去，再用水清洗，否则，生石灰遇水产热，会加重伤势。

3. 预防

（1）成人端着热水或开水壶时要注意避开幼儿。

（2）开水、烫饭菜、化学药品、电器等应放在幼儿手够不着的地方（图4-13）。

（3）刚烧好的饭菜应放置一段时间，待不烫时才让幼儿进食。

（4）给幼儿洗头、洗澡时应先开冷水后开热水。

（5）教育幼儿不玩火、不触摸电器等物品。

图4-13 远离开水处

五、煤气中毒

1. 常见煤气中毒

煤气中毒大多是由于冬季用火、洗浴、用煤炉取暖，如果居室无通风设备、风倒灌、烟筒漏气，常发生煤气中毒。过量的一氧化碳进入人体，与血红蛋白的亲和力远大于氧气，血红蛋白失去携带氧的能力和作用，使人体缺氧而窒息。

幼儿一氧化碳中毒，轻者头痛、恶心、呕吐、乏力，重者呼吸困难、昏迷、惊厥，皮肤出现樱桃般的红色等症状。

2. 急救方法

（1）救护者匍匐进入现场，立即打开门窗通风。

（2）迅速把病人抬离中毒的现场，转移到通风保暖处平卧，松开衣领、腰带。

（3）给病人保暖，中毒严重者速送医院急救。

（4）如呼吸、心跳已停止，立即进行口对口呼吸和胸外心脏按压急救。

注意事项：给病人灌醋、喝酸菜汤都不能解除煤气中毒，反而拖延了时间。让病人受冻也不能解除煤气中毒，反而容易使其受凉，加重病情。

3. 预防

（1）冬季不得在室内使用没有通风设施的煤炉取暖；洗浴时一定要有安全设施。

（2）冬季注意提醒家长们，千万不能将孩子单独放在、甚至锁闭在用煤炉或煤气取暖的房间里。

（3）养成使用完煤气即关闭阀门和总阀门的习惯。

（4）幼儿园定期检查煤气管道有无泄漏之处，如有，当立即修理。

六、误服毒物

1. 常见误服毒物

在日常生活中，由于常备药片、药水、有毒物品管理不善，导致幼儿当做食物误食而中毒。

案例：某个 3 岁的幼儿在与小朋友一起玩耍时，发现了喇叭花种子，该幼儿很好奇，把喇叭花种子吃了下去，引起中毒。

2. 急救方法

（1）催吐。如果是两岁以下的小儿，可一手抱着，另一手伸入小儿口内刺激其咽部，使其将毒物呕吐出。若是两岁以上的小儿，先给清水饮下，让孩子张大嘴，再用筷子或手指等物给予小儿咽部机械刺激使其呕吐，可反复让小儿喝水、催吐，直到吐出的水全为清水（图 4－14）。

（2）解毒。对于误服强酸强碱等化学液体的患儿，为保护其食道、胃的黏膜，可用牛奶、面糊、蛋清等作为洗胃剂，既可

图 4 – 14　催吐

达到洗胃的目的，又能保护胃黏膜。若是误服有机磷农药中毒的幼儿，在患儿的呼气中能闻到大蒜味，可让其喝下肥皂水解毒，同时，立即送医院急救。

（3）对于吃进毒物时间较长的患儿，如超过4小时，毒物已进入肠道，应立即送医院急救。

（4）急救的同时，要搜集患儿吃剩的东西、呕吐物，以及可能在患儿口袋内残留的有毒物质，以供医生检验毒物的性质，为治疗提供依据。

3. 预防

（1）家庭和幼儿园对常备药品应加强管理，标签鲜明，放在小孩不易拿到的地方，不能与食物放在一起。

（2）给孩子服药要看清楚标签上的姓名、药品名称等。

（3）教育幼儿不随便吃东西。

七、异物

1. 呼吸道异物

喉部、气管或支气管内误吸入异物，统称为呼吸道异物。

（1）常见呼吸道异物。小儿的咳嗽反射差，玩耍、嬉戏时口内含有异物，一不小心，有可能让异物进入呼吸道；或进食时大声叫喊、哭闹，也可能将食物呛入呼吸道。吸入的异物，以蚕豆、花生、瓜子为多见。

异物进入喉、气管，刺激黏膜引起剧烈呛咳、气急等症状，继而出现喉鸣、吸气困难、声嘶等症状。

案例：妈妈催促正在吃果冻的孩子上幼儿园，孩子一着急，果冻一下吸入了气管，顿时，面色憋得通红，呼吸困难。

（2）急救方法。

①抓住小儿双脚使其倒置，并大力拍击其背部，使异物从喉部落出，如果此法无效，速送医院急救。

②让小儿坐在抢救者的腿上，面朝外，用两手的食指和中指形成一个"垫"，按在患儿的上腹部，快而轻地向后上方按压，随后放松，使膈肌压缩肺，产生气流，将气管中的异物冲出，如此法无效，速送医院急救。

2. 消化道异物

（1）常见消化道异物。幼儿有时会玩弄棋子、纽扣、回形针、骨头等物，还可能含在口中，一不小心就可能掉进食道。这些异物有时会卡在食道里，有时会顺利进入胃里。

食道有异物，表现为疼痛，吞咽困难。大的异物会引起呛咳和呼吸困难，并发食道炎症，可有发热等其他症状。

案例：某个4岁的孩子有一个习惯，老爱咬自己的衣服纽扣，这天在离园的时候老师和家长发现孩子的衣服纽扣少了一颗，一问才知道，孩子吞了一个纽扣到肚子里。

（2）急救方法。

①如果幼儿吞食的异物是光滑的，幼儿无明显症状，可进食富含纤维素的食物，如韭菜、芹菜等，促使异物随大便排出。可密切观察幼儿大便，直到异物排出体外。若长时间未排出，应去医院治疗。

②若幼儿吞食的是尖利的异物，应立即送医院急救。

3. 鼻腔异物

（1）常见鼻腔异物。幼儿玩耍中，无意间将小物件塞入鼻孔。以花生米、豆子、果核为多见。幼儿鼻腔异物可能引起长时间鼻塞，鼻涕臭带血丝。

案例：午睡的时候，某幼儿发现一颗豆子，就塞到鼻孔里玩，结果取不出来了。

（2）急救方法。

①不可用镊子去夹异物，特别是圆形的异物，可能使异物深陷，落入气管，非常危险。

②可让幼儿按住无异物的鼻孔，用力擤鼻，使异物排出；也可用棉花捻或纸捻刺激幼儿的鼻黏膜，使其打喷嚏，将异物排出（图4-15）。

③如上述方法无效，应送医院处理。

4. 异物入耳

（1）常见异物入耳。幼儿将小物件（豆、米、小珠子等）塞入耳中，或有昆虫爬入耳道造成外耳道异物。

（2）急救方法。

①昆虫入耳，可把耳朵对着灯光，利用昆虫的趋光性，引诱昆虫爬出；也可将食用油、甘油等倒入耳内，再让患儿将这只耳朵侧向上静停几分钟，然后将这只耳朵侧向下，被淹死了的昆虫可随油一同流出。

②小物件入耳，可嘱咐患儿头偏向异物一侧，用单脚跳，异

图4-15 鼻腔异物处理

物可能会掉出。

③难以排出的异物应去医院处理。因为在没有良好的照明条件、专用工具和技术不熟练的情况下操作，可能会加重损伤，后果严重。

5. 眼部异物

（1）常见眼部异物。多见于飞尘、小虫、沙粒入眼，引起灼痛、畏光、流泪。

（2）急救方法。

①沙子、小虫入眼附于眼球表面，可用干净的棉签轻轻擦去。若异物嵌入眼睑结膜，需翻开眼皮，再擦去。翻眼皮的方法是，让小儿眼向下看，用拇指和食指捏住他的眼皮，轻轻向上翻转则可。

②如异物嵌于角膜组织内，或上述方法无效，应迅速送医院处理。

6. 异物入体的预防

（1）幼儿进餐时不惊吓、逗乐幼儿。

（2）幼儿能吸入或吞入的物品不应作为玩具使用。

（3）幼儿臼齿未长出时，应避免食用花生米、瓜子及带核、带骨、带刺的食物。

（4）培养幼儿良好的就餐习惯，进餐时不嬉戏、打闹。

（5）教育幼儿不要把别针、豆子、玻璃珠等小物件塞进嘴、鼻孔、耳朵里。

八、溺水

溺水者因吸入大量的水，阻塞呼吸道，引起窒息。一旦发现溺水者要迅速施救。

1. 急救方法

（1）水上救护。救助者如不会游泳就不要贸然下水，可将救生圈、木块等漂浮物和绳索抛给落水儿童，同时，迅速呼救。会游泳的救助者应迅速从落水儿童的后方接近他，乘其不备突然抓住他并控制牢；再使落水儿童的头部浮出水面，采取仰泳姿势，救其上岸。

（2）倒水。清除溺水儿童口、鼻内的污泥、杂草等异物，同时解开其衣裤；救护者一腿跪地，一腿屈膝，将溺水儿童置于屈膝的大腿上，头朝下，拍其背部，使其呼吸道和胃里的水倒出来（图4-16）。

（3）进行口对口吹气和胸外心脏按压。检查溺水儿童的呼吸和心跳情况，如呼吸和心跳停止，迅速实施口对口吹气和胸外心脏按压，然后急速转送医院。

2. 预防

（1）幼儿园不能建在河边和粪池、池塘附近，以免幼儿失足淹溺。

（2）教育幼儿不能自己去河边、池塘边玩水。

（3）幼儿游泳，要有成人看护。教育幼儿不在不明水情的

图 4-16 倒水

地方游泳。

九、触电

1. 常见触电事故

儿童玩弄电源插座、电器、开关等引起触电；户外电线落地，幼儿随手拾取，或在附近玩耍也可能触电；雷雨天气，在大树下避雨也可能导致触电事故。轻度电击，表现为面色苍白、呆滞，对周围失去反应，全身无力；重者可出现昏迷、呼吸、心跳停止而死亡。

2. 急救方法

（1）脱离电源。用最快的方式让伤者脱离电源。如幼儿摆弄电器开关、插座等触电，可迅速拔去电源插座或关闭开关、拉开电源总闸切断电流；如果幼儿触及了室外断落的电线而触电，救护者可站在干燥的木板或塑料等绝缘物上，用干燥的木棒、扁担、竹竿等绝缘物将接触幼儿身体的电线挑开；如果幼儿手部与电线连接紧密，无法挑开，可用大的干燥木棒将触电者剥离触电处。

（2）口对口吹气和胸外心脏按压。触电者脱离电源后，检查触电者的呼吸、心跳，对呼吸、心跳微弱或停止者，立即进行口对口吹气和胸外心脏按压。

（3）保护创面。在急救的同时，对灼伤部位，先洗净，然后用消毒敷料包扎。

3. 预防

（1）经常检查电器、电线是否符合安全标准，电器、电线是否漏电，特别是雷雨天气应更加注意。

（2）电插座、电器等应置于幼儿手摸不到的地方。

（3）教育幼儿不要用湿手插接电源，不玩弄电器，不要在供电线和高压线附近玩耍。

（4）教育幼儿雷雨天气不要在大树、电线杆、高大建筑物下避雨，要蹲伏在地势较低的地方。雷雨天气不看电视。

十、中暑

1. 常见中暑

幼儿长时间受到强烈阳光照射或停留在闷热潮湿的环境里，以及在炎热天气长途行走或过度疲劳等，均易导致中暑。其表现为大量出汗、口渴、头晕、胸闷、恶心、全身乏力等。

2. 急救方法

（1）将患儿迅速转移到阴凉通风处，解开其衣扣，扇风，用冷水或冰块冷敷，帮助散热。

（2）让患儿多喝清凉饮料，也可口服人丹、十滴水或藿香正气水等清热解暑药。

（3）如中暑严重，患儿昏迷不醒，应速送医院。

3. 预防

（1）炎热的季节，避免幼儿长时间的户外活动。

（2）幼儿园老师应采用一些防暑、降温措施。

（3）教育幼儿感到不舒服时主动向老师说。

十一、冻伤

1. 常见冻伤

冻伤是人体遭受低温侵袭后发生的损伤。幼儿冬季落水、衣着不暖，在气温低、湿度大或大风的情况下停留，都可发生全身冻伤。幼儿手、脚、耳等供血不足的部位容易发生局部冻伤，表现为发红或发紫、肿胀、发痒或刺痛，有些可起水疱，之后糜烂或结痂。

2. 急救方法

（1）全身冻伤：让患儿离开寒冷环境，搬动时，动作要轻柔，以免用力不当造成患儿肢体扭伤或骨折。用暖和的衣服、热水袋等温暖患儿身体，给予患儿温热的饮料，如牛奶、姜汤等，以加速其血液循环。

（2）局部冻伤：多发生在耳、手、脚等部位，可在局部涂抹冻疮膏。

3. 预防

（1）冬季应加强保暖措施，注意幼儿的服装、鞋袜松紧要合适，对暴露在外的皮肤可使用保暖用具。

（2）注意防潮，保持幼儿服装、鞋袜的干燥，被汗水浸湿的衣服应及时更换。

（3）寒冷的冬季，多组织幼儿户外活动，加强血液循环。

十二、虫、蛇咬伤

1. 蚊子、臭虫等咬伤

急救方法：用酒精涂搽患处，严重者可搽氨水或清凉油。

2. 黄蜂蜇伤

急救方法：黄蜂毒液呈碱性，伤口可涂搽弱酸性液体，如食醋。

3. 蜜蜂蜇伤

急救方法：蜜蜂的毒液呈酸性，伤口可涂搽弱碱性液体，如淡碱水、肥皂水等。

4. 蝎蜇伤

急救方法：蝎子的毒液呈酸性，局部涂抹碱水，有一定疗效。

5. 蚂蟥吮血

急救方法：被蚂蟥叮住脚、腿吮血时，应立即在被叮处的附近拍打，或用火灼烧蚂蟥，使蚂蟥掉落，然后用淡碱水冲洗，涂上碘酒，盖上清洁纱布。

6. 蛇咬伤

（1）急救方法。

①防止毒液扩散和吸收：被蛇咬后，迅速躺下，用鞋带、裤带之类的绳子紧紧地捆扎伤口上方（靠近心脏一端），防止蛇毒扩散。

②迅速排出毒液：立即用凉开水、泉水、肥皂水等冲洗伤口及附近皮肤。用小刀或刀片以蛇咬牙痕为中心作十字形切开，用力按压伤口，使毒液排出，同时，用清水反复冲洗伤口。

③立即服用蛇药，对伤口进行湿敷，速送医院。

（2）预防

①不要带孩子们到潮湿、阴暗、杂草丛生的地方活动，并且教育孩子自觉地不到这样的地方去玩耍。

②平时可置备一些蛇药。

十三、晕厥

1. 常见晕厥

多由于疼痛、闷热、站立时间过长、精神紧张等原因，造成幼儿短时间的大脑供血不足而失去知觉、晕倒。表现为晕厥发生前头晕、恶心、心慌等症状，晕倒后，患儿面色苍白、出冷汗等。

2. 急救方法

首先让患儿平卧，头部放低、脚部略抬高，以改善头部血液循环；然后解开患儿的衣领、裤带。患儿安静地休息后，喝些热饮料，一般可好转。

十四、鼻出血

1. 常见鼻出血

（1）鼻外伤。儿童跌倒撞伤鼻部引起出血，挖鼻孔造成鼻前庭糜烂引起出血。

（2）鼻腔异物。幼儿玩耍中把小物件塞入鼻腔引起出血。

（3）发热。上呼吸道感染，发热时鼻腔充血、水肿，引起鼻内血管破裂出血。

（4）偏食。幼儿不爱吃蔬菜，缺乏维生素，容易引起鼻出血。

（5）鼻腔炎症。炎症引起鼻痒，儿童经常用手挖鼻腔引起出血。

2. 急救方法

（1）安慰幼儿不要紧张，安静地坐着。

（2）紧捏幼儿双鼻翼，压迫止血。

（3）头部、鼻部、后颈窝可用冷毛巾或冰袋冷敷。

（4）如出血量大，可用一般滴鼻液浸湿棉花团塞入鼻腔止血。

（5）止血后，2～3小时内不做剧烈运动。

（6）如上述方法对止血无效，应立即送患儿去医院处理。

第五章　保育员配合教育活动

保育员除管理幼儿的一日生活外，还有配合本班教师组织教育活动的职责。以下是保育员在教学活动、游戏活动、体育活动、家长工作的配合技能要求。

第一节　教学活动的配合

一、活动前的准备工作

（一）活动场地的准备

1. 室内教学活动

（1）保育员要擦好桌椅、黑板、地面等，并能指导中大班值日生做些力所能及的工作。

（2）调节光线。若活动室内照明度不够，需开灯照明；光线太强时，应适当拉上窗帘。

（3）摆放桌椅。根据活动特点及教师要求摆放桌椅。要考虑到个别听力差、视力差和不爱讲话幼儿的实际情况，最好把他们的座位摆放在距离教师较近也最易观察到的位置，这样便于教师有针对性地进行指导。

2. 户外教学活动

检查活动场地内是否有碎石子、玻璃、树枝等危险物品，确保活动场地的安全卫生。冬季尽量在阳光下背风处活动，夏季尽量在阴凉处活动。

（二）活动用具

1. 室内教学活动

（1）帮助老师准备并摆放好所需的教具和材料，必要时，可配合教师根据活动需要制作简单的教具。

（2）协助教师摆放幼儿的学具和学习材料，保证数量充足，并检查有无损坏。对于中大班幼儿，保育员可指导值日生一起摆放。

2. 户外教学活动

保育员要配合教师准备好活动所需要的器械，并检查器械是否安全卫生。此外，还需检查幼儿的服装，如衣扣、鞋带、裤带是否系好，口袋内是否有危险物品（如金属小刀、针、玻璃等），发现问题要及时处理。

（三）排除与教学活动无关的人与物

幼儿的自我控制能力差，注意力容易被其他新异事物所吸引。因此，如有其他教师或外来人员听课，应把他们安置在幼儿的背后，有条件的可通过录像机等设备进行。

二、配合教师做好活动过程中的指导工作

保育员应及时、适时、周到、适当地配合教师进行教学活动，以保证教学活动顺利进行。

1. 协助教师做好教学活动的组织工作

保育员要协助教师稳定幼儿的注意力维持教学活动的秩序，以保证教学活动的正常进行。

在教学活动进行时，保育员不要打扫卫生，不要随意走动，一般不要讲话，以免吸引幼儿的注意力，影响教学活动的进行。

保育员要善于运用恰当的方式维持活动秩序。要注意指导方式，以免因对他们限制过多，而挫伤他们活动的积极性。教育活动时间不随意打断教师的活动，不随意进出活动室，保持安静。

需要时协助教师组织好教育活动，及时处理活动中发生的特殊情况，以保证教育活动的顺利进行。

2. 配合教师完成教学活动的任务

在教学过程中，保育员应根据需要帮助教师出示、操作、演示教学用品和用具必要时还要承担一定的角色任务，这些都应在准备阶段与教师取得一致，有的还需要事先练习，以保证获得预期效果。

此外，保育员还应在教学练习时指导、督促、检察幼儿的等学习情况，帮助幼儿解决操作中的困难和纠纷，以便使幼儿完成教学活动任务。还要加强活动中的卫生保健，例如，及时纠正幼儿不正确的学习姿势，严防操作物品时发生意外事故等。

三、配合教师做好教学活动结束的整理工作

（1）帮助教师收拾整理活动中使用的玩教具和材料，并检查是否有缺损。如有缺损要及时与教师联系，必要时应及时制作和准备，以备不时之需。

（2）根据需要将桌椅归位，并摆放整齐，必要时要进行擦洗。也可指导中大班幼儿值日生一起做。

（3）活动结束后，要组织幼儿及时盥洗、如厕、饮水。

第二节　游戏活动的配合

一、游戏活动前的准备工作

1. 游戏材料的准备

（1）保育员应配合教师为幼儿配备安全卫生、数量充足的玩具。

此外，保育员可以协助教师组织、启发幼儿充分利用各种自

然物和废旧物品，核桃、树皮、树叶、易拉罐、碎布等自制玩具，并鼓励幼儿在游戏活动中充分使用自制玩具。

保育员应经常检查玩具，如有破损，应及时整修。因为，破损的玩具容易造成幼儿不爱惜玩具的心理，有时也会对幼儿造成伤害。在检修玩具时，保育员应帮助和指导幼儿一起做。

（2）玩具的清洁卫生。保育员应保持玩具清洁、无灰尘、无黏附物。玩具应 1～2 周消毒 1 次，可以用水的就用水清洗，不能用水洗的要经常在直射阳光下暴晒。

户外游戏活动器械上有积水时，保育员应及时擦扫干净，以确保活动安全。

（3）玩具的摆放。玩具应放置在适合幼儿高度的玩具柜、玩具架、玩具箱中，以便于幼儿自由取放和使用。玩具柜、架等应摆放在游戏活动区中，保育员应配合教师，根据幼儿年龄特点、实际需要、活动特点及活动场地的条件等设置好游戏活动区。

2. 游戏场地的准备

室内游戏场地：应保持地面清洁卫生、无杂物，保持室内良好的通风以及适宜的光照。

户外游戏场地：应根据天气状况，选择适宜的游戏场所，夏季尽量在阴凉处，冬季最好在向阳背风处；保育员还应检查地面上有无碎石子、树枝、碎玻璃等危险物品，并及时清理，场地若有积水，应及时擦扫干净；保育员还应根据需要画好游戏场地，摆放好游戏器材和活动用品。

3. 幼儿衣着的检查

游戏活动前，保育员应检查幼儿的衣着，以幼儿方便进行游戏活动为宜。保育员可以指导幼儿相互检查衣着。

保育员应注意检查幼儿是否携带有不安全物品，尤其是金属小刀、针等，为幼儿暂时保管必需物品。结合物品检查，指出携带不安全物品的危险性，对幼儿进行安全教育。

4. 排除与幼儿游戏活动无关的人与物

幼儿自我控制能力差，注意力容易被新异的人与物所吸引，因此，为了保证幼儿游戏的质量，保教人员在游戏活动之前应尽量排除与幼儿游戏无关的人与物。

二、游戏活动中的配合工作

1. 加强安全保护

保育员应加强巡视检查，及时发现和制止幼儿的危险或不卫生的举动，如把玩具含在口中、在幼儿密集处挥舞玩具等。还要经常清点人数，若有缺失，及时与带班教师联系，采取对策。根据幼儿活动量及气温的变化，及时帮助或提醒幼儿擦汗和增减衣服。照顾体弱幼儿，减少其运动量，对于心肌炎患儿等特殊幼儿，要根据病情给予特殊照顾和护理。

2. 协助教师工作

根据各类游戏的特点，保育员协助教师做好组织工作和维护游戏活动时的秩序，发现问题，及时处理。

保育员应注意观察幼儿游戏的进展情况，对幼儿给予一定的帮助和指导，但是绝不能代替、包办。必要时，保育员还可扮演游戏角色，加入幼儿的游戏活动，推动游戏情节进展。

三、协助教师做好游戏结束工作

1. 适时结束游戏

在组织幼儿结束游戏时，保育员应配合教师，注意掌握时机，尽量采用游戏的方式，使幼儿愉快地结束游戏，以保持幼儿对游戏的兴趣。

2. 收拾游戏场地和游戏材料

保育员应协助教师收拾整理游戏场地和游戏材料，进一步清点、整理玩具，看是否摆放整齐，是否有遗失或损坏。如果发现问题，应及时与教师联系，查问原因。清点整理玩具时，保育员可组织幼儿一起做，以培养幼儿善始善终的良好品德。

3. 组织幼儿盥洗

户外游戏结束后，保育员还应协助教师清点人数，整队回班，然后组织幼儿洗手、如厕、饮水，必要时还应组织幼儿洗脸。注意根据幼儿身体状况，帮助或提醒幼儿增减。

第三节　体育活动的配合

在组织体育活动时，保育员的主要职责就是保护幼儿安全，预防意外事故的发生。常见体育活动的意外事故包括：体育活动时摔伤、碰破以及由于运动强度过大引起的心脏痛等。为预防意外事故的发生，保护幼儿安全，保育员应做好以下几方面的工作。

一、体育活动前的准备工作

保育员要在运动前认真检查场地、器械、服装等方面的安全卫生。

1. 活动场地和器械的准备

如果在室内进行体育活动，应保持场地清洁卫生、无杂物，保持室内良好的通风以及适宜的光照。大部分体育活动是在户外进行的，保育员应根据天气状况，选择适宜的活动场所。例如，夏季尽量在阴凉处，冬季最好在向阳背风处。

保育员还应检查地面上有无碎石子、树枝、碎玻璃等危险物品，并及时清理。场地若有积水，应及时擦扫干净。保育员还应根据教师的安排和活动需要画好场地，摆放好体育活动器材。

2. 幼儿衣着的检查

体育活动前，保育员一定要检查幼儿的衣着，以幼儿方便进行活动为宜。保育员可以指导幼儿相互检查衣着，如查看鞋带是否系好，裤腿是否过长等，发现问题，及时处理。

保育员在检查衣着时，应注意检查幼儿是否携带有不安全物品，尤其是金属小刀、针等，结合问题对幼儿进行安全教育。

二、体育活动中的配合工作

1. 协助教师做好组织工作

协助教师维护活动时的秩序，发现问题，及时处理。如有的幼儿在活动时常常大声喊叫，或者挥舞器械，扰乱其他幼儿的正常活动，发现这些问题，保育员应通过给幼儿讲道理等方式，让幼儿自觉停止这类行为。

2. 做好安全保护工作

保育员应注意观察幼儿活动的进展情况，对幼儿给予一定的帮助和指导，做好活动中的安全保护。如投掷时不要面对面投，幼儿持器械做操时注意调整好间隔距离，一些稍有难度的活动需要保护等。

3. 注意运动生理卫生

活动前，要组织幼儿做好准备活动，以使机体逐步适应较大的运动量；活动过程中根据幼儿生理反应，提醒教师调整运动量，不能使幼儿过度劳累；要求幼儿饭前饭后不做剧烈运动等。

根据幼儿活动量及气温的变化，及时帮助或提醒幼儿擦汗和增减衣服。照顾体弱幼儿，减少其运动量，对于心肌炎患儿等特殊幼儿，要根据病情给予特殊照顾和护理。

三、体育活动的结束工作

1. 合理结束活动

在活动后要让幼儿做整理活动，不要马上停止下来。

2. 协助教师收拾整理活动器械

保育员要在幼儿活动结束后进一步清点、整理器械，并摆放整齐。发现有损坏时，及时与教师联系，进行简单的修理。

3. 组织幼儿盥洗

户外体育活动结束后，保育员应协助教师清点人数，整队回班。然后组织幼儿洗手、如厕、饮水，必要时，还应组织幼儿洗脸。注意根据幼儿身体状况，帮助或提醒幼儿增减衣服。

在学习工作中，我们要求保育员每月记保育笔记，分4个层次进行。

（1）观察幼儿，发现问题。

（2）寻找科学的理论依据。

（3）探索科学的解决方法。

（4）对管理措施进行效果的分析与评价。

第四节　家长工作的配合

一、关注家园共教共育

保育员需关注家园共教共育工作，协助教师与幼儿家庭配合工作，帮助家长创设良好的家庭教育环境，向家长宣传科学保育、教育幼儿的知识，共同担负教育幼儿的任务。

保育员可以通过下面2个方面的工作参与到家园共教共育工作中。

（1）保育员与教师应该在学期初，根据本班幼儿的年龄特点共同制定家园共教共育内容，然后有目的、有计划地实施，并根据本班幼儿的情况不断调整。

（2）保育员与教师要利用各种机会主动向家长宣传正确的育儿知识，使家庭教育和本学前教育机构的要求同步，共同促进幼儿能力的提高。

二、建设家园沟通渠道

1. 网络渠道

利用微信、QQ 等网络平台，扩展家园沟通渠道，实现快速便捷的家园互动。家长可以在网上与教师对话、了解园内外幼教新动态、园所教育教学近况、家长热点话题等，同时，保育员、教师可通过后台操作，及时与家长沟通，共同探讨有关幼儿教育的话题，使家长能了解幼儿在园学习和生活的情况。

2. 画面类渠道

家长阅读"家园小报""家园之窗""家园联系册"上有关幼儿教育的文章和图片，并与保育员、教师交流幼儿发展的信息。

3. 交流类渠道

参加以幼儿为主题的"家长会""经验交流会""辩论会""家长学校讲座""××知识咨询"等活动，或通过"接送交流""电话交流"等形式，与保养员和教师交换意见。

4. 活动类渠道

通过参加丰富多彩的"亲子活动"，置身于教师、幼儿的联欢会、运动会、比赛、参观、郊游之中，直接感知幼儿园教育的途径和方法。

5. 体验类渠道

家长利用"开放日活动"来园进班，和幼儿一起玩玩具，拼搭社会建筑，加深对幼儿园教育内容与要求的认识。

沟通渠道建立后，保养员与教师要合理的利用家园沟通渠道，适时与家长进行沟通，及时了解幼儿的情况。

附录 幼儿园工作规程（2016版）

　　《幼儿园工作规程》是为加强幼儿园的科学管理，规范办园行为，提高保育和教育质量，促进幼儿身心健康，依据《中华人民共和国教育法》等法律法规制定。2015年12月14日第48次教育部部长办公会议审议通过。2016年3月1日起施行，增加反家暴内容，强调禁止虐童。

第一章 总　　则

　　第一条　为了加强幼儿园的科学管理，规范办园行为，提高保育和教育质量，促进幼儿身心健康，依据《中华人民共和国教育法》等法律法规，制定本规程。

　　第二条　幼儿园是对3周岁以上学龄前幼儿实施保育和教育的机构。幼儿园教育是基础教育的重要组成部分，是学校教育制度的基础阶段。

　　第三条　幼儿园的任务，贯彻国家的教育方针，按照保育与教育相结合的原则，遵循幼儿身心发展特点和规律，实施德、智、体、美等方面全面发展的教育，促进幼儿身心和谐发展。幼儿园同时面向幼儿家长提供科学育儿指导。

　　第四条　幼儿园适龄幼儿一般为3~6周岁。幼儿园一般为三年制。

　　第五条　幼儿园保育和教育的主要目标。

　　（一）促进幼儿身体正常发育和机能的协调发展，增强体质，促进心理健康，培养良好的生活习惯、卫生习惯和参加体育活动的兴趣。

（二）发展幼儿智力，培养正确运用感官和运用语言交往的基本能力，增进对环境的认识，培养有益的兴趣和求知欲望，培养初步的动手探究能力。

（三）萌发幼儿爱祖国、爱家乡、爱集体、爱劳动、爱科学的情感，培养诚实、自信、友爱、勇敢、勤学、好问、爱护公物、克服困难、讲礼貌、守纪律等良好的品德行为和习惯，以及活泼开朗的性格。

（四）培养幼儿初步感受美和表现美的情趣和能力。

第六条 幼儿园教职工应当尊重、爱护幼儿，严禁虐待、歧视、体罚和变相体罚、侮辱幼儿人格等损害幼儿身心健康的行为。

第七条 幼儿园可分为全日制、半日制、定时制、季节制和寄宿制等。上述形式可分别设置，也可混合设置。

第二章　幼儿入园和编班

第八条 幼儿园每年秋季招生。平时如有缺额，可随时补招。幼儿园对烈士子女、家中无人照顾的残疾人子女、孤儿、家庭经济困难幼儿、具有接受普通教育能力的残疾儿童等入园，按照国家和地方的有关规定予以照顾。

第九条 企业、事业单位和机关、团体、部队设置的幼儿园，除招收本单位工作人员的子女外，应当积极创造条件向社会开放，招收附近居民子女入园。

第十条 幼儿入园前，应当按照卫生部门制定的卫生保健制度进行健康检查，合格者方可入园。幼儿入园除进行健康检查外，禁止任何形式的考试或测查。

第十一条 幼儿园规模应当有利于幼儿身心健康，便于管理，一般不超过 360 人。幼儿园每班幼儿人数一般为：小班

（3～4周岁）25人，中班（4～5周岁）30人，大班（5～6周岁）35人，混合班30人。寄宿制幼儿园每班幼儿人数酌减。

幼儿园可以按年龄分别编班，也可以混合编班。

第三章 幼儿园的安全

第十二条 幼儿园应当严格执行国家和地方幼儿园安全管理的相关规定，建立健全门卫、房屋、设备、消防、交通、食品、药物、幼儿接送交接、活动组织和幼儿就寝值守等安全防护和检查制度，建立安全责任制和应急预案。

第十三条 幼儿园的园舍应当符合国家和地方的建设标准，以及相关安全、卫生等方面的规范，定期检查维护，保障安全。幼儿园不得设置在污染区和危险区，不得使用危房。幼儿园的设备设施、装修装饰材料、用品用具和玩教具材料等，应当符合国家相关的安全质量标准和环保要求。入园幼儿应当由监护人或者其委托的成年人接送。

第十四条 幼儿园应当严格执行国家有关食品药品安全的法律法规，保障饮食饮水卫生安全。

第十五条 幼儿园教职工必须具有安全意识，掌握基本急救常识和防范、避险、逃生、自救的基本方法，在紧急情况下应当优先保护幼儿的人身安全。幼儿园应当把安全教育融入一日生活，并定期组织开展多种形式的安全教育和事故预防演练。幼儿园应当结合幼儿年龄特点和接受能力开展反家庭暴力教育，发现幼儿遭受或者疑似遭受家庭暴力的，应当依法及时向公安机关报案。

第十六条 幼儿园应当投保校方责任险。

第四章 幼儿园的卫生保健

第十七条 幼儿园必须切实做好幼儿生理和心理卫生保健工

作。幼儿园应当严格执行《托儿所幼儿园卫生保健管理办法》以及其他有关卫生保健的法规、规章和制度。

第十八条 幼儿园应当制定合理的幼儿一日生活作息制度。正餐间隔时间为 3.5～4 小时。在正常情况下，幼儿户外活动时间（包括户外体育活动时间）每天不得少于 2 小时，寄宿制幼儿园不得少于 3 小时；高寒、高温地区可酌情增减。

第十九条 幼儿园应当建立幼儿健康检查制度和幼儿健康卡或档案。每年体检 1 次，每半年测身高、视力 1 次，每季度量体重 1 次；注意幼儿口腔卫生，保护幼儿视力。幼儿园对幼儿健康发展状况定期进行分析、评价，及时向家长反馈结果。

幼儿园应当关注幼儿心理健康，注重满足幼儿的发展需要，保持幼儿积极的情绪状态，让幼儿感受到尊重和接纳。

第二十条 幼儿园应当建立卫生消毒、晨检、午检制度和病儿隔离制度，配合卫生部门做好计划免疫工作。幼儿园应当建立传染病预防和管理制度，制定突发传染病应急预案，认真做好疾病防控工作。幼儿园应当建立患病幼儿用药的委托交接制度，未经监护人委托或者同意，幼儿园不得给幼儿用药。幼儿园应当妥善管理药品，保证幼儿用药安全。幼儿园内禁止吸烟、饮酒。

第二十一条 供给膳食的幼儿园应当为幼儿提供安全卫生的食品，编制营养平衡的幼儿食谱，定期计算和分析幼儿的进食量和营养素摄取量，保证幼儿合理膳食。幼儿园应当每周向家长公示幼儿食谱，并按照相关规定进行食品留样。

第二十二条 幼儿园应当配备必要的设备设施，及时为幼儿提供安全卫生的饮用水。幼儿园应当培养幼儿良好的大小便习惯，不得限制幼儿便溺的次数、时间等。

第二十三条 幼儿园应当积极开展适合幼儿的体育活动，充分利用日光、空气、水等自然因素以及本地自然环境，有计划地锻炼幼儿肌体，增强身体的适应和抵抗能力。在正常情况下，每日户外体育活动不得少于 1 小时。幼儿园在开展体育活动时，应当对体弱或有残疾的幼儿予以特殊照顾。

第二十四条 幼儿园夏季要做好防暑降温工作，冬季要做好防寒保暖工作，防止中暑和冻伤。

第五章　幼儿园的教育

第二十五条 幼儿园教育应当贯彻以下原则和要求。

（一）德、智、体、美等方面的教育应当互相渗透，有机结合。

（二）遵循幼儿身心发展规律，符合幼儿年龄特点，注重个体差异，因人施教，引导幼儿个性健康发展。

（三）面向全体幼儿，热爱幼儿，坚持积极鼓励、启发引导的正面教育。

（四）综合组织健康、语言、社会、科学、艺术各领域的教育内容，渗透于幼儿一日生活的各项活动中，充分发挥各种教育手段的交互作用。

（五）以游戏为基本活动，寓教育于各项活动之中。

（六）创设与教育相适应的良好环境，为幼儿提供活动和表现能力的机会与条件。

第二十六条 幼儿一日活动的组织应当动静交替，注重幼儿的直接感知、实际操作和亲身体验，保证幼儿愉快的、有益的自由活动。

第二十七条 幼儿园日常生活组织，应当从实际出发，建立必要、合理的常规，坚持一贯性和灵活性相结合，培养幼儿的良好习惯和初步的生活自理能力。

第二十八条 幼儿园应当为幼儿提供丰富多样的教育活动。教育活动内容应当根据教育目标、幼儿的实际水平和兴趣确定，以循序渐进为原则，有计划地选择和组织。教育活动的组织应当灵活地运用集体、小组和个别活动等形式，为每个幼儿提供充分参与的机会，满足幼儿多方面发展的需要，促进每个幼儿在不同水平上得到发展。教育活动的过程应注重支持幼儿的主动探索、操作实践、合作交流和表达表现，不应片面追求活动结果。

第二十九条 幼儿园应当将游戏作为对幼儿进行全面发展教育的重要形式。幼儿园应当因地制宜创设游戏条件，提供丰富、适宜的游戏材料，保证充足的游戏时间，开展多种游戏。

幼儿园应当根据幼儿的年龄特点指导游戏，鼓励和支持幼儿根据自身兴趣、需要和经验水平，自主选择游戏内容、游戏材料和伙伴，使幼儿在游戏过程中获得积极的情绪情感，促进幼儿能力和个性的全面发展。

第三十条 幼儿园应当将环境作为重要的教育资源，合理利用室内外环境，创设开放的、多样的区域活动空间，提供适合幼儿年龄特点的丰富的玩具、操作材料和幼儿读物，支持幼儿自主选择和主动学习，激发幼儿学习的兴趣与探究的愿望。幼儿园应当营造尊重、接纳和关爱的氛围，建立良好的同伴和师生关系。幼儿园应当充分利用家庭和社区的有利条件，丰富和拓展幼儿园的教育资源。

第三十一条 幼儿园的品德教育应当以情感教育和培养良好行为习惯为主，注重潜移默化的影响，并贯穿于幼儿生活以及各项活动之中。

第三十二条 幼儿园应当充分尊重幼儿的个体差异，根据幼儿不同的心理发展水平，研究有效的活动形式和方法，注重培养幼儿良好的个性心理品质。幼儿园应当为在园残疾儿童提供更多的帮助和指导。

第三十三条 幼儿园和小学应当密切联系，互相配合，注意两个阶段教育的相互衔接。幼儿园不得提前教授小学教育内容，不得开展任何违背幼儿身心发展规律的活动。

第六章　幼儿园的园舍、设备

第三十四条　幼儿园应当按照国家的相关规定设活动室、寝室、卫生间、保健室、综合活动室、厨房和办公用房等，并达到相应的建设标准。有条件的幼儿园应当优先扩大幼儿游戏和活动空间。寄宿制幼儿园应当增设隔离室、浴室和教职工值班室等。

第三十五条　幼儿园应当有与其规模相适应的户外活动场地，配备必要的游戏和体育活动设施，创造条件开辟沙地、水池、种植园地等，并根据幼儿活动的需要绿化、美化园地。

第三十六条　幼儿园应当配备适合幼儿特点的桌椅、玩具架、盥洗卫生用具，以及必要的玩教具、图书和乐器等。玩教具应当具有教育意义并符合安全、卫生要求。幼儿园应当因地制宜，就地取材，自制玩教具。

第三十七条　幼儿园的建筑规划面积、建筑设计和功能要求，以及设施设备、玩教具配备，按照国家和地方的相关规定执行。

第七章　幼儿园的教职工

第三十八条　幼儿园按照国家相关规定设园长、副园长、教师、保育员、卫生保健人员、炊事员和其他工作人员等岗位，配足配齐教职工。

第三十九条　幼儿园教职工应当贯彻国家教育方针，具有良好品德，热爱教育事业，尊重和爱护幼儿，具有专业知识和技能以及相应的文化和专业素养，为人师表，忠于职责，身心健康。

幼儿园教职工患传染病期间暂停在幼儿园的工作。有犯罪、吸毒记录和精神病史者不得在幼儿园工作。

第四十条　幼儿园园长应当符合本规程第三十九条规定，并应当具有《教师资格条例》规定的教师资格、具备大专以上学历、有三年以上幼儿园工作经历和一定的组织管理能力，并取得幼儿园园长岗位培训合格证书。

幼儿园园长由举办者任命或者聘任，并报当地主管的教育行政部门备案。

幼儿园园长负责幼儿园的全面工作，主要职责如下。

（一）贯彻执行国家的有关法律、法规、方针、政策和地方的相关规定，负责建立并组织执行幼儿园的各项规章制度。

（二）负责保育教育、卫生保健、安全保卫工作。

（三）负责按照有关规定聘任、调配教职工，指导、检查和评估教师以及其他工作人员的工作，并给予奖惩。

（四）负责教职工的思想工作，组织业务学习，并为他们的学习、进修、教育研究创造必要的条件。

（五）关心教职工的身心健康，维护他们的合法权益，改善他们的工作条件。

（六）组织管理园舍、设备和经费。

（七）组织和指导家长工作。

（八）负责与社区的联系和合作。

第四十一条 幼儿园教师必须具有《教师资格条例》规定的幼儿园教师资格，并符合本规程第三十九条规定。

幼儿园教师实行聘任制。

幼儿园教师对本班工作全面负责，其主要职责如下。

（一）观察了解幼儿，依据国家有关规定，结合本班幼儿的发展水平和兴趣需要，制订和执行教育工作计划，合理安排幼儿一日生活。

（二）创设良好的教育环境，合理组织教育内容，提供丰富的玩具和游戏材料，开展适宜的教育活动。

（三）严格执行幼儿园安全、卫生保健制度，指导并配合保育员管理本班幼儿生活，做好卫生保健工作。

（四）与家长保持经常联系，了解幼儿家庭的教育环境，商讨符合幼儿特点的教育措施，相互配合共同完成教育任务。

（五）参加业务学习和保育教育研究活动。

（六）定期总结评估保教工作实效，接受园长的指导和检查。

第四十二条　幼儿园保育员应当符合本规程第三十九条规定，并应当具备高中毕业以上学历，受过幼儿保育职业培训。

幼儿园保育员的主要职责如下。

（一）负责本班房舍、设备、环境的清洁卫生和消毒工作。

（二）在教师指导下，科学照料和管理幼儿生活，并配合本班教师组织教育活动。

（三）在卫生保健人员和本班教师指导下，严格执行幼儿园安全、卫生保健制度。

（四）妥善保管幼儿衣物和本班的设备、用具。

第四十三条　幼儿园卫生保健人员除符合本规程第三十九条规定外，医师应当取得卫生行政部门颁发的《医师执业证书》；护士应当取得《护士执业证书》；保健员应当具有高中毕业以上学历，并经过当地妇幼保健机构组织的卫生保健专业知识培训。

幼儿园卫生保健人员对全园幼儿身体健康负责，其主要职责如下。

（一）协助园长组织实施有关卫生保健方面的法规、规章和制度，并监督执行。

（二）负责指导调配幼儿膳食，检查食品、饮水和环境卫生。

（三）负责晨检、午检和健康观察，做好幼儿营养、生长发育的监测和评价；定期组织幼儿健康体检，做好幼儿健康档案管理。

（四）密切与当地卫生保健机构的联系，协助做好疾病防控和计划免疫工作。

（五）向幼儿园教职工和家长进行卫生保健宣传和指导。

（六）妥善管理医疗器械、消毒用具和药品。

第四十四条 幼儿园其他工作人员的资格和职责，按照国家和地方的有关规定执行。

第四十五条 对认真履行职责、成绩优良的幼儿园教职工，应当按照有关规定给予奖励。

对不履行职责的幼儿园教职工，应当视情节轻重，依法依规给予相应处分。

第八章　幼儿园的经费

第四十六条 幼儿园的经费由举办者依法筹措，保障有必备的办园资金和稳定的经费来源。

按照国家和地方相关规定接受财政扶持的提供普惠性服务的国有企事业单位办园、集体办园和民办园等幼儿园，应当接受财务、审计等有关部门的监督检查。

第四十七条 幼儿园收费按照国家和地方的有关规定执行。

幼儿园实行收费公示制度，收费项目和标准向家长公示，接受社会监督，不得以任何名义收取与新生入园相挂钩的赞助费。

幼儿园不得以培养幼儿某种专项技能、组织或参与竞赛等为由，另外收取费用；不得以营利为目的组织幼儿表演、竞赛等活动。

第四十八条 幼儿园的经费应当按照规定的使用范围合理开支，坚持专款专用，不得挪作他用。

第四十九条 幼儿园举办者筹措的经费，应当保证保育和教育的需要，有一定比例用于改善办园条件和开展教职工培训。

第五十条 幼儿膳食费应当实行民主管理制度，保证全部用于幼儿膳食，每月向家长公布账目。

第五十一条 幼儿园应当建立经费预算和决算审核制度，经费预算和决算应当提交园务委员会审议，并接受财务和审计部门的监督检查。

幼儿园应当依法建立资产配置、使用、处置、产权登记、信息管理等管理制度，严格执行有关财务制度。

第九章 幼儿园、家庭和社区

第五十二条 幼儿园应当主动与幼儿家庭沟通合作，为家长提供科学育儿宣传指导，帮助家长创设良好的家庭教育环境，共同担负教育幼儿的任务。

第五十三条 幼儿园应当建立幼儿园与家长联系的制度。幼儿园可采取多种形式，指导家长正确了解幼儿园保育和教育的内容、方法，定期召开家长会议，并接待家长的来访和咨询。

幼儿园应当认真分析、吸收家长对幼儿园教育与管理工作的意见与建议。

幼儿园应当建立家长开放日制度。

第五十四条 幼儿园应当成立家长委员会。

家长委员会的主要任务是：对幼儿园重要决策和事关幼儿切身利益的事项提出意见和建议；发挥家长的专业和资源优势，支持幼儿园保育教育工作；帮助家长了解幼儿园工作计划和要求，协助幼儿园开展家庭教育指导和交流。

家长委员会在幼儿园园长指导下工作。

第五十五条 幼儿园应当加强与社区的联系与合作，面向社区宣传科学育儿知识，开展灵活多样的公益性早期教育服务，争取社区对幼儿园的多方面支持。

第十章 幼儿园的管理

第五十六条 幼儿园实行园长负责制。

幼儿园应当建立园务委员会。园务委员会由园长、副园长、党组织负责人和保教、卫生保健、财会等方面工作人员的代表以及幼儿家长代表组成。园长任园务委员会主任。

园长定期召开园务委员会会议，遇重大问题可临时召集，对规章制度的建立、修改、废除，全园工作计划，工作总结，人员奖惩，财务预算和决算方案，以及其他涉及全园工作的重要问题进行审议。

第五十七条 幼儿园应当加强党组织建设，充分发挥党组织政治核心作用、战斗堡垒作用。幼儿园应当为工会、共青团等其他组织开展工作创造有利条件，充分发挥其在幼儿园工作中的作用。

第五十八条 幼儿园应当建立教职工大会制度或者教职工代表大会制度，依法加强民主管理和监督。

第五十九条 幼儿园应当建立教研制度，研究解决保教工作中的实际问题。

第六十条 幼儿园应当制订年度工作计划，定期部署、总结和报告工作。每学年年末应当向教育等行政主管部门报告工作，必要时随时报告。

第六十一条 幼儿园应当接受上级教育、卫生、公安、消防等部门的检查、监督和指导，如实报告工作和反映情况。

幼儿园应当依法接受教育督导部门的督导。

第六十二条 幼儿园应当建立业务档案、财务管理、园务会议、人员奖惩、安全管理以及与家庭、小学联系等制度。

幼儿园应当建立信息管理制度，按照规定采集、更新、报送幼儿园管理信息系统的相关信息，每年向主管教育行政部门报送统计信息。

第六十三条 幼儿园教师依法享受寒暑假期的带薪休假。幼儿园应当创造条件，在寒暑假期间，安排工作人员轮流休假。具体办法由举办者制定。

第十一章　附　　则

第六十四条　本规程适用于城乡各类幼儿园。

第六十五条　省、自治区、直辖市教育行政部门可根据本规程，制定具体实施办法。

第六十六条　本规程自 2016 年 3 月 1 日起施行。1996 年 3 月 9 日由原国家教育委员会令第 25 号发布的《幼儿园工作规程》同时废止。

参考文献

冯俊儿. 2004. 打造超强孩子心理宝典 [M]. 北京：中国福利会出版社.

洪昭毅. 2003. 儿童营养与营养性疾病 [M]. 上海：上海科学普及出版社.

人力资源和社会保障部教材办公室. 2016. 保育员 [M]. 北京：中国劳动社会保障出版社.

人民教育出版社幼儿教育室. 2003. 幼儿卫生学 [M]. 北京：人民教育出版社.

唐淑，虞永平. 1998. 幼儿园班级管理 [M]. 南京：南京师范大学出版社.

王普华. 2015. 保育员工作手册 [M]. 北京：中国劳动社会保障出版社.

王雁. 1999. 幼儿卫生与保健 [M]. 北京：中国社会出版社.